纸浆泥

——个性化陶艺材料创作手册

纸浆泥

——个性化陶艺材料创作手册

[美] 罗斯特·高尔特（Rosette Gault） 著

姚 岚 译

上海科学技术出版社

图书在版编目（CIP）数据

纸浆泥：个性化陶艺材料创作手册 ／（美）罗斯特
·高尔特（Rosette Gault）著；姚岚译. -- 上海：上
海科学技术出版社，2022.8
（灵感工匠系列）
书名原文：Paperclay——Art and practice
ISBN 978-7-5478-5732-8

Ⅰ.①纸… Ⅱ.①罗… ②姚… Ⅲ.①陶瓷－材料－
手册 Ⅳ.①TQ174.4-62

中国版本图书馆CIP数据核字（2022）第121843号

Paperclay: Art and Practice by Rosette Gault
First published in Great Britain in 2013 by Bloomsbury Publishing Plc
© Rosette Gault, 2013
This translation of *Paperclay* is published by arrangement with
Bloomsbury Publishing Plc.
through Inbooker Cultural Development (Beijing) Co., Ltd.

上海市版权局著作权合同登记号　图字：09-2021-0385号

纸浆泥——个性化陶艺材料创作手册

［美］罗斯特·高尔特（Rosette Gault）　著
姚　岚　译

上海世纪出版（集团）有限公司
上 海 科 学 技 术 出 版 社　出版、发行
（上海市闵行区号景路159弄A座9F-10F）
邮政编码201101　　　www.sstp.cn
上海中华商务联合印刷有限公司　印刷
开本 889×1194　1/16　印张 10
字数 270千字
2022年8月第1版　2022年8月第1次印刷
ISBN 978-7-5478-5732-8/J·69
定价：148.00元

本书如有缺页、错装或坏损等严重质量问题，请向印刷厂联系调换

献词：
向全世界的艺术精神致敬。

封面：巴布罗·阿伯格（Barbro Åberg）
《冲力》，2007年
纸浆泥、珍珠岩，作品尺寸：67 cm × 44 cm × 25 cm
摄影：拉尔斯·亨里克·马尔达尔（Lars Henrik Mardahl）

德里克·欧（Derek Au）
青瓷餐具
纸浆泥制瓷
摄影：德里克·欧（Derek Au）

封底：安吉拉·梅勒（Angela Mellor）
《海洋之光》，1997年
碗，纸浆泥、骨瓷，作品尺寸：12 cm × 18.5 cm
摄影：维克多（Victor）

英格丽德·巴斯（Ingrid Bathe）
《星盘》，2011年
纸浆泥制瓷，作品尺寸：35.5 cm × 35.5 cm × 6.5 cm
摄影：英格丽德·巴斯（Ingrid Bathe）

巴布罗·阿伯格（Barbro Åberg）
《双螺旋轮》，2009年
纸浆泥、珍珠岩，作品尺寸：44 cm × 44 cm × 8 cm
摄影：拉尔斯·亨里克·马尔达尔（Lars Henrik Mardahl）

标题页：努拉·奥多纳万（Nuala O'Donavan）
《续索，三面》，2010年
摄影：西尔万·德鲁（Sylvain Deleu）

目录页：艾纳特·科恩（Einat Cohen）
《贝壳》，2009年
纸浆泥制瓷，手工制作，透明釉，作品直径：55 cm
摄影：艾纳特·科恩（Einat Cohen）

译者序

　　我从事陶艺教育事业一晃已近二十年。从初学陶艺至今，我深感中国陶艺教育事业在过去二十年得到了长足的进步。大家从仅仅对陶艺技法进行研究到对陶艺材料与成分有所关注，这种转变让我尤为欣喜。众所周知，材料和工艺是密不可分的，当工艺发展到一定阶段，对材料的认识与研究能够从不同的角度来解构陶瓷艺术，也能够为陶瓷手工艺从业者或陶艺爱好者们打开一扇新的大门。在翻译《纸浆泥》的过程中，我能够感受到本书的作者对于纸浆泥的研究非常深入、细致，他把纸浆泥对陶艺的影响进行了详细的分析。大家在创作过程中碰到一些使用泥土或其他材料时容易产生对其本身性能上的困惑，尤其是在这些困惑阻碍了创作的时候。此时，也许纸浆泥能够帮助到你。它是一种新的尝试。

　　纸浆泥在国外发展由来已久，已经有很专业的生产制造商来专门制作纸浆泥，而国内供应商对陶瓷材料在艺术上的应用研究只是在近几年才逐渐正规化地发展起来。对于纸浆泥，国内目前只有少部分陶艺家有所涉及，但也多靠自己的摸索，没有很好的参考资料。本书的翻译出版相信能够为很多对材料有兴趣的陶艺爱好者们答疑解惑。相信书中的基础数据和制作工艺能够帮助大家更好地解决创作过程中遇到的一些材料问题，但每一种材料都需要我们花大量的时间来反复实验与研究。

　　本书为陶艺从业者、刚刚从事陶艺制作的学生和爱好者们打开了一扇新的大门，让大家认识到陶艺不仅仅是在技法上的研究，对陶艺材料进行探索也是一个很好的方向。在翻译本书过程中，也得到了高艺峰、计茗言的很多帮助，在此对他们表示感谢。

　　感谢出版社邀请我翻译此书。《纸浆泥》即将出版和大家见面，这是我第一次翻译陶艺专业类书籍，心情很忐忑。书中对于一些专业词汇的翻译也许不够精准，也希望读者们能够不吝指正。

姚岚

于上海

前言

艾利特·阿巴（Irit Abba）
《花瓶收集》，2009年
拉坯，手做着色瓷泥纸浆泥，作品高度：71 cm
摄影：奥哈德·马塔隆（Ohad Matalon）

　　在艺术家的手中，纸浆泥这种灵活多变的材料已经成为一种能够表达思想意识的工具。它是承载想象记忆的载体，是人类指尖触摸的记录，也是一种美与奇迹的精神联系。纸浆泥以一种切实可行的方式实现了艺术家的想象并且将其分享给世界。在这本书中，读者可以看到视觉艺术语言作为人类与生俱来的创造力表达形式是如何跨越边界，将集体和个人的视觉艺术紧密联系起来，把无形的思想以有形的实物呈现出来。此外，书中的很多作品在技术层面上不可能用传统黏土实现，它们本身跨越了时间、空间和文化的鸿沟，表现出了对于自由的极度渴望。

　　这本书着重描述了过去二十年中，纸浆泥在美学和技术上的发展和探索。除了技法教学的部分，这本书也展示了来自世界各地艺术家们的作品。

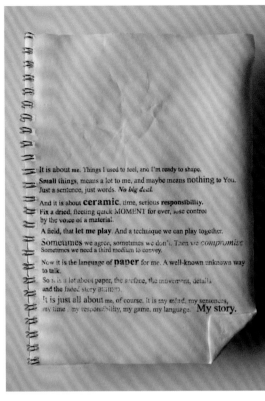

左图：卡门·兰（Carmen Lang）
《泳池》，2010年
用炻器黏土调制的纸浆泥
作品尺寸：12.5 cm × 38 cm
摄影：卡门·兰（Carmen Lang）

右图：埃斯特·伊姆雷（Eszter Imre）
《诗：这个关于…》，2011年
用瓷器黏土调制的纸浆泥，作品
尺寸：20 cm × 15 cm
摄影：马茨·林奎斯特（Mats Ringquist）

　　尽管纸浆泥与传统陶泥有一些相同的特性，但其本身的特点造就了其独具一格的制作方式。这些独特的制作方式拓展了艺术家的创作维度，打破了传统黏土在技术上的局限性。纸浆泥这种材料在艺术创作上的特性现在可以更明晰地被看到了。很多按传统陶瓷观念和常规来说会遭到质疑的问题被彻底颠覆了。此外，用纸浆泥进行创作的方式让我们看到了前所未有的可能性。

　　大约有来自38个国家的300位艺术家为这本书做出了贡献，由此读者可以全面地看到艺术家们丰富的想法和他们对纸浆泥的探索。即使你是新手，也同样希望你能够切身感受手作陶瓷的创作过程。这也得益于我40年的陶艺实践和研究。你将在这里见证艺术家们所开拓的新视角，他们的创造力及热忱使手作陶瓷进入繁荣时期。在自由表达和探索的背后，这些都为当代陶瓷领域增加了一个重要的维度。

致谢

此项目的研究部分由一系列艺术家驻地项目的承办机构赞助，包括加拿大的班夫艺术中心（Banff Centre for the Arts）、丹麦的国际陶瓷研究协会（International Ceramic Research Center）、捷克的贝希涅陶瓷研讨会（Bechyne Ceramics Symposinm）、匈牙利的国际陶瓷工作室（International Ceramics Studios），以及美国新世纪艺术有限公司（New Century Arts，Inc.）。

除了我的编辑凯特·谢林顿（Kate Sherington），我还要感谢艾莉森·斯泰斯（Alison Stace）为本书早期版本所做的工作，感谢盖尔·圣·路易斯（Gayle St Luise）和她丈夫格雷格·芬克（Greg Funk）为这本书贡献的大量时间。

还要感谢数百名来自各大洲的参与者及许多幕后工作人员在过去我研究这个课题的几十年间给我的帮助。用艾拉·普罗果夫（Ira Progoff）的话来说——这是我不可能独自完成的工作。另外，还要着重感谢那些有才华和充满想象力的艺术家们。

目录

译者序　　5

前言　　6

致谢　　8

第一章　初识纸浆泥 ------------------------------- 11

第二章　成分和混合方式 --------------------------- 19

第三章　纸泥浆 --------------------------------- 31

第四章　软皮革状态 ------------------------------ 47

第五章　干燥阶段 ------------------------------- 59

第六章　混合的方法 ------------------------------ 73

第七章　制作不同尺寸的人物 ----------------------- 83

第八章　结构和框架 ------------------------------ 93

第九章　瓷砖和壁挂 ------------------------------ 105

第十章　表面处理、精细加工和上釉 ----------------- 115

第十一章　烧窑及烧窑前的准备 --------------------- 127

第十二章　愿景的实现 --------------------------- 139

附录　　146

第一章

初识纸浆泥

关于纸浆泥

纸浆泥制作的陶艺作品是由黏土矿物质和纤维组成的水性混合物，在露天环境下会变得坚固，也可在窑内烧制和上釉。用纸浆泥调制的黏土是由具有延展性的三维网状物或可吸水的纤维素纤维组成。这些纤维来自原生纸浆或者再生纸浆（来源于棉花、亚麻或者木材），其中的报纸等印刷品上的油墨和纤维会在窑炉中烧毁。因纸浆泥中含有足够的黏土成分，它也可用传统方式烧制。烧制后，纸浆泥制作的陶艺作品除了在重量上会相对较轻以外，无论从外观还是手感上都与传统陶瓷在本质上别无一二。烧制结果可以根据自己的需求使其保持不漏水或多孔的状态。

纸浆泥可以被看作是一种形式灵活的且具备多种功能的建筑材料。用其制作模型不仅牢固，也具备可塑性。在潮湿、干燥或已烧制完的状态下，也具备造型和组装的能力。艺术家们可以根据自己的实际情况，选择使用烧制的或者非烧制的纸浆泥进行创作，也可以选择单独或者结合其他材料使用。无论它是有光泽还是哑光的，纸浆泥这种耐用的材料几乎可模仿所有的雕塑或者建筑材料。商业模型混合物、空气硬化黏土和混凝纸都具有其部分特点，但不能完全替代。

上页图：玛莉亚·兰第斯
（Malia Landis）
《栀子花上的巢穴》，2008年
纸浆泥，作品尺寸：
40.5 cm × 30.5 cm × 20 cm
摄影：玛莉亚·兰第斯（Malia Landis）

右图：英格丽德·巴斯（Ingrid Bath）
《盐和黑胡椒》，2012年
纸浆泥、瓷，作品尺寸：
4 cm × 18 cm × 7.5 cm
摄影：英格丽德·巴斯（Ingrid Bath）

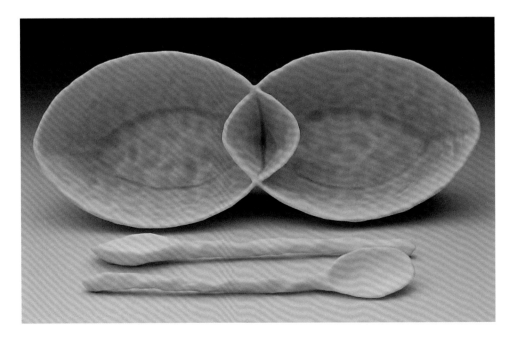

手作纸浆泥类陶艺

纸浆泥的成型方法与手捏、盘筑、泥板成型和拉坯成型的方法类似。在其柔软可塑的阶段，它与传统黏土的手感一般无二，可压、卷、拉伸或者印花做肌理。因纸浆泥中含有纤维，用它所做的泥条盘筑触感更像绳子且能够达到更高的长度。在软皮革状态下它可以像湿布一样结实，也有非常好的柔韧性。使其自然风干或者强制快速变干都是可以的。

在泥浆的状态下，纸浆泥可以作为黏合剂、涂料或者翻模的材料。它也可以用于填补干裂和烧裂的空隙。

干燥或者未烧制状态下的纸浆泥的触感比大部分硬纸板还要坚硬，密度更高，但比木头和干燥的墙面要柔软。因此，干燥的纸浆泥在运输过程中也能保证安全。相比之下，完全干燥或者固化的纸浆泥的强度几乎是传统黏土的两倍。干燥或者素烧状态下的纸浆泥可以用锤子、凿子、钻头或锯子来加工，也可用作简单的压模处理，还可在软黏土上压印。

干燥状态下的纸浆泥在造型上变化的可能性是无穷的，包括自由组装、拼接、剪切、粘贴、修复和雕刻，干燥和湿润状态下的纸浆泥都是可以被利用的。与木材的特点相似，纸浆泥形态的膨胀、收缩或保持不变都与其本身的湿润程度有关。

在作品完成前，设计者可以根据自己的需求使纸浆泥在干燥和湿润状态之间来回切换。重新组装或者更换配件都是可能的，比如像手柄、配件、把手、尾部等，这些在制作过程中都可以随时更换。

对纸浆泥来说，并不一定要素烧，一次烧成也可以。因干燥的纸浆泥器皿足够坚固，也有很好吸水性能使其能吸收足够的釉料而不易变形。如没有窑烧计划，空气凝固或冷处理都是可行的，但干燥的纸黏土薄层最终会在潮湿状态中重新软化。

左图：纸浆泥的触感：用柔软的黏土手捏成型的小碗，感受所要用到的力度。纸浆泥在空气中逐渐变得坚固
摄影：罗斯特·高尔特（Rosette Gault）

右图：在已经变硬的器皿上，用新泥替换被损坏了的盘条做的把手。将干燥的一端浸入水中，轻拍后压紧，且在结合处保持光滑。玻璃碗充当暂时的支撑
摄影：罗斯特·高尔特（Rosette Gault）

和陶艺师常用的方式相比，纸浆泥会带来一种新的感受。你的水平和目标将会决定你是一位"雕塑家"（较多的纸浆）还是一位"陶艺家"（较少的纸浆）

摄影：罗斯特·高尔特（Rosette Gault）

山姆·戴维斯（Sam Davies）《一个复杂的编织线圈》，2010年澳大利亚土著纺织和编织传统文化的影响在这个作品中很明显，作品进行中

摄影：山姆·戴维斯（Sam Davies）

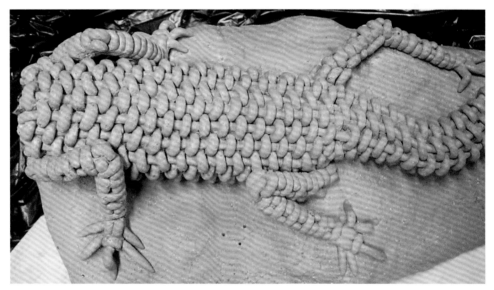

简要说来，如何混合？又如何制作呢？

通常情况下，来自再生纸的纤维纸浆会被搅拌到黏土的底部，它的样子看起来像燕麦泥或者纸泥浆。纤维纸浆被看作是万能的，可被用来做注浆、黏合剂，或者与釉料混合。随着其中的水分蒸发，黏稠的浆状物变得浓稠，如同膏状。当混合物变成软黏土的状态后，就可以做出稳定状态的模型了。

例如，将回收利用报纸浸到水中直到其中的纤维软化。然后搅拌，直到纸之间紧密的纤维松开、能够自由浮动在水中为止。湿的纸浆需用筛子或者网袋捞起来并搅拌进泥浆。

金贞雅（Jeoung-Ah Kim）
《餐具》，2004年
注浆瓷纸泥，烧至 1 360 ℃，周
边有金色陶瓷装饰
摄影：金贞雅（Jeoung-Ah Kim）

　　许多艺术家更倾向于利用纸浆泥来制作少量原创的复杂陶艺作品。其中一些人会更倾向于购买由商家已经搅拌好的陶瓷纸浆泥。在这本书中所讲到的陶瓷纸浆泥经常会涉及纤维黏土、亚麻黏土等。

纸浆泥的制作步骤

两种方式：

　　纸浆泥能通过很多途径获得，因此非常普及。最开始的制作步骤基本和传统黏土类似。但是之后一步会是什么样子呢？这时候，有两种方式可供选择。如果你选择熟悉的传统制作黏土的方式，那么，作品在成型、组装到完成的整个过程也会与传统方法相似。如果选择创新的方式，结果可能会取得在传统陶瓷中不可能实现的成果。例如，操作者可以重新沾湿已经干燥的黏土部分并对其进行更改修复。一些本已对传统陶瓷工作状态感到疲惫或受其局限性影响的陶瓷艺术家现在就有其他的替代方法了，或者能够在两者之间选择自己所希望达到最好效果的一种方式。随着对这种非固定方式的信任度的提升，艺术家会更容易找到自己的创作风格。

宝拉·帕罗内托（Paola Paronetto）
《瓶的集合》，2009年
纸浆泥制瓷，作品高度：30～90 cm
照片：威利·弗兰德（Willy Friend）

一般情况下使用纸浆泥制作作品的方法：

陶艺家在用纸浆泥创作的时候，在工作方式上与使用传统黏土时差别不大。这些实用的传统工作方式已经历了数千年的演变和实验。自然风干或未烧制前的传统黏土是非常脆弱且容易破裂的。为了弥补这一点，在陶瓷由湿变干的整个过程中，艺术家需要保证陶艺作品从成型、雕刻、连接到修坯的结构稳定。在这之后，也要使其均匀、缓慢地变干燥。结构越复杂的成品，需要花费更多的精力。保持陶艺作品均匀湿润的方式有很多种，比如用湿抹布包裹作品、用塑料布罩住、定期喷水，或者在制作期间把作品放在潮湿的房间。作品坯体壁的厚度相同也是保证成功烧制的因素。

举个例子，如果要在一块实心的传统黏土内部挖去多余的部分，需将其保持在半干、潮湿的阶段，并在变得干燥前确保陶艺作品的坯体壁厚相同。

但对于那些想将这个方法运用到纸浆泥调配制作中的人会发现，尽管黏土外部已经开始干燥，内部还可以保证如面团一般的柔软，操作者能够很轻松地在中间

左图：苏·斯图尔特（Sue Stewart）
《画廊场景》，2011年
纸质陶艺的比例模型，作品尺寸：
32 cm×32 cm×24 cm
摄影：苏·斯图尔特（Sue Stewart）

右图：罗斯特·高尔特（Rosette Gault）
《小脚板和咀嚼玩具》，2009年
手捏纸浆泥陶瓷，作品尺寸：
9 cm×7.5 cm×6.5 cm
摄影：罗斯特·高尔特（Rosette Gault）

挖洞。半干（或全干）的纸浆泥也可以通过用湿抹布打湿的方式达到此效果。因纸浆泥内部结构复杂，用传统变干的方式会花费数月的时间才能使其完全变干。但如果混入中等到高比例的纸浆泥在传统黏土中，成品只需在露天环境下几小时到几天的时间就可以变干，或采用快速干燥的方式，而且作品坯体壁可以是不同厚度的。

一些艺术家会用很少一部分的纸黏土修复传统黏土的裂缝，还有一些则会在黏土里面加入少量的纸浆来增加在运输过程和窑内承载的强度。艺术家用了很多年来研究和改善半干状态的固有制作方法。后来，他们发现很多黏土的处理技法是可以与陶艺纸浆泥相结合的。

非常规的制作方式：

这种方式可以让陶艺师更具艺术性且自由地在黏土的各个阶段创作（并不局限于半干状态），创作的可能性变多了。新的工作节奏、黏土需要新的湿润状态、不同的控制时间的方式及更多的想象空间都将赋予作品新的可能。我曾经花大量时间试图解决雕塑作品不均匀的干燥和出现裂缝的情况，现在，这些时间都可以节省下来用到创作中了。在用过去常规的方式工作时，我常常用湿毛巾或塑料袋保证在整个雕塑期间的潮湿程度，如果不遵循这个规则，作品会完全变干或出现裂缝，这时只能将它们敲碎重新开始了。纸浆泥的应用减少了干燥和烧制的时间，以及运输过程中开裂的损失。在完全变干和烧制的阶段也能够对作品进行修复。

在对纸浆泥性能界限和正确配比进行调研和实验的过程中，我得到了一系列启示。传统制瓷中所应用的大量假设和实践并不适用于纸浆泥制瓷。

窑内烧制的结果是伴随期待和想象的。无论你用什么黏土或方法，在制作过程中都会发现之前没有意识到的不足之处。随着对纸浆泥运作方法的逐渐理解，我对其优缺点有了一种新的理解，因此，对陶瓷艺术的观点也完全改变了。

在创作中结合了创新方法的艺术家往往比应用传统技能的陶艺师有更好的创造力。在这本书中我们能够看到一些新型的创作方式，将对动手创作能力进行拓展，让一切变得可能。

萨比娜·曼格斯（Sabina Mangus）
《手捏勺子和碗》，2010年
纸浆泥制瓷，作品直径：10 ～ 20 cm
摄影：萨比娜·曼格斯（Sabina Mangus）

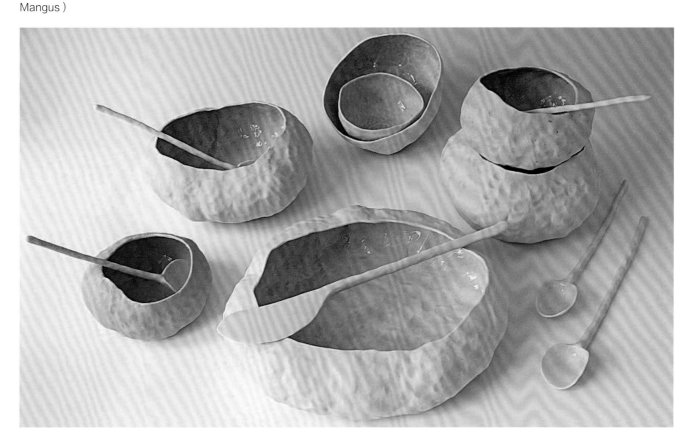

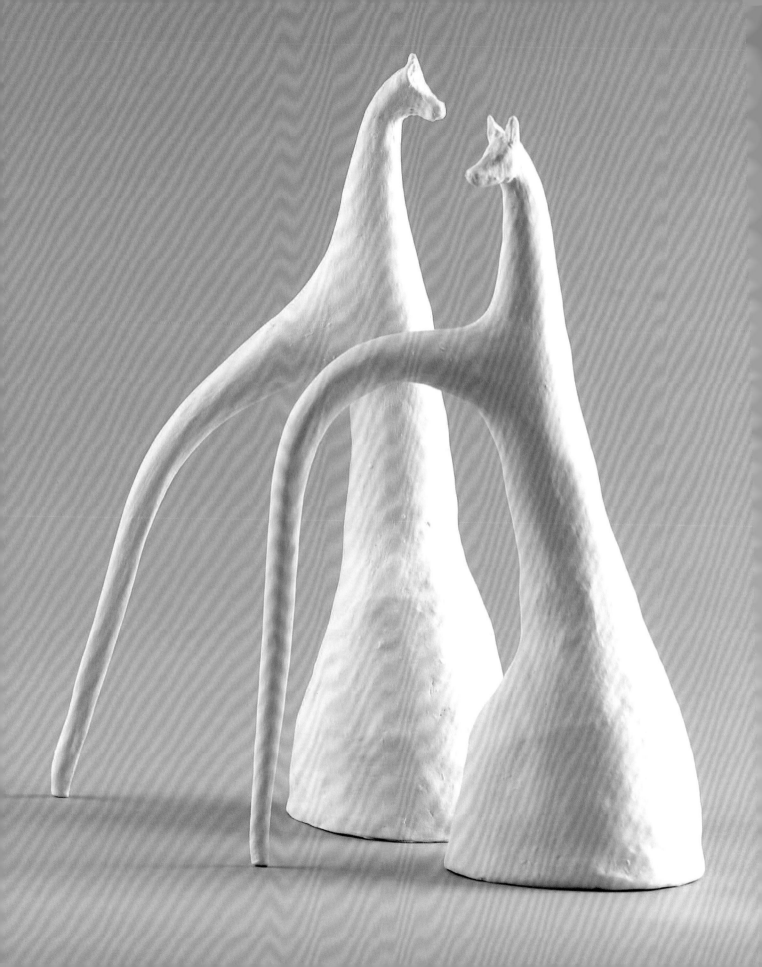

成分和混合方式

第二章

    当完备的计划、合适的工具和材料都准备好了，在艺术家工作室小批量地生产高质量的纸浆泥将会进行得更加顺利。花一些时间对相关元素有一个大致的了解，可以使你更加容易确定哪种纸浆泥最适合项目。

    在开始使用纸浆泥这种材料之前，请先查看相关的健康和安全信息。

工具和制作场地

    通常用于传统黏土造型的工具都可以用在纸浆陶艺中，如刮片、海绵、切泥刀、小木棒、针、铁丝、拉坯机等。此外，艺术家也经常会借助木艺或者金属工艺所用到的工具，如电钻、锯子、雕刻工具等都可以在干燥的纸浆泥中应用。

    纸浆泥不会黏在大部分光滑的桌面和工作台面上，除非它们如面团一样潮湿。有时，纸浆泥在铺了油画布的桌子上会干得非常快，所以光滑的桌面反而更好。如果作品底部的桌面变得潮湿而使纸浆泥黏在桌面上，将作品转移到附近干燥的地方继续之前的工作即可。

    一个可移动的石膏工作台面有助于使作品或者纸泥浆在制作过程中干燥得更快。将它支撑在立方体或者横杆上可以使空气在它下面流动，这种万能的易于储存的工具可以代替笨重的压泥机。

上页图：阿斯特丽德·海默（Astrid Heimer）
《细长的马》，2011年
纸浆泥制瓷，作品尺寸：35 cm × 32 cm
摄影：伊娃·布兰德（Eva Braend）

右图：石膏板可以用来制作平整光滑的纸浆泥的工作板，用于干燥或晾制柔软的纸浆泥等。图片里的这些用木条支撑的石膏板可以使石膏板下方保持通风。
摄影：罗斯特·高尔特（Rosette Gault）

混合用的工具

为搅拌工序准备一个干净、防水、有盖子的桶，可以把工具都放置在桌底的角落里。

工作室最好有水池或者其他水源和一个电源插座。插电式的电钻比用电池的更好。那种为搅拌石膏（水泥）设计的螺旋桨式混合叶片可以减少搅拌混合的时间，相较于专门用来混合液体（如颜料或者釉料）的钻头也可以减少磨损。用电动工具时，应确保电线完好，头尾部也需始终保持干燥。清洁叶片时须先切断电源，也不要让任何移动工具撞到桶的底部和侧面。

条件允许的情况下，在原料湿润的时候进行混合，这样可以避免产生粉尘。混合干原料时需要用到呼吸面罩。我会用护目镜来防止水或泥浆在混合的时候飞溅，在检查窑炉内温度的时候也会佩戴。同时，保留多种可供选择的手套样式：皮革手套、橡胶手套、乙烯基手套和乳胶手套。如果制作过程中几小时都需要保持手部潮湿的话我会用护手霜。

准备原料

准备高质量的纸浆黏土需要混合三种原料：基础黏土、纸浆及水。如果这些都提前准备好的话，无论小批量或大批量的作品都能很快完成，在工作过程中也能更快捷地操作、更易控制。在本章中，我们会讨论纸浆泥中各个原料的功能和使用方法。

准备基础黏土

大部分基础黏土都可以转化成纸浆黏土。为作品所选用的基础黏土可以是陶艺师最喜欢且可以很好地和釉兼容的配方。杂质很高的雕塑土是例外，因为需要对基础黏土做一些调整。

几乎所有的黏土种类都可以作为基础黏土，包括红色或黑色赤陶土、白色或褐色的陶土、棕色或白色的炻器土、瓷土或高岭黏土，或者它们的结合体。无论黏土是从干燥的废料中还是从陶工的污水桶中回收的，还是从附近的河床中收集到的或从干粉中提炼出来的，泥浆都应该如黏稠的奶油或黏稠无结块的糖霜一般。

块状的基础黏土无法和纸浆融合得很好。如果感觉到有一些结块，在开始混合纸浆黏土前应该把它们去掉，否则在揉泥和干燥的时候会出现问题，甚至在烧制时导致开裂、断裂甚至剥落。

搅拌工具包括：大小不同的桶（用于纸浆、黏土、纸黏土、干燥废料回收）、有盖的密封桶放置在低轮的推车上（这使它很容易移动、填放、清空或储存）、一个带电线插入式的螺旋桨样式的电钻、旁边有水池或者有水源的地方。其中一个盖子上放着一个过滤纸浆的网袋
摄影：罗斯特·高尔特（Rosette Gault）

当把纸打成纸浆时，使用杆和螺旋桨样式的叶片作为工具可以更省时间，因为这样就可以加大接触面积，而要加快这个步骤的话，需要用到很多的水
摄影：罗斯特·高尔特（Rosette Gault）

　　另一种合适的基础黏土是搅拌好的用来注浆的泥浆，它如蜂蜜般黏稠，方便倒入模具，其中含有分散剂或电解质（水玻璃、苏打灰或同等物）。注浆用的泥浆可作为陶瓷纸黏土最好的基础选择，适合制作泥板或很薄的泥片、骨瓷、雕像、工厂卫生设备，以及三维建模或机械模种的模具。

　　无论选择从哪一种泥浆开始，纸浆泥在干燥和烧制的过程中会缩水的比例是差不多的，平均比原来配方的黏土再收缩1%左右。当温度和基础黏土不变时，纸浆泥的孔隙度与基础黏土的孔隙度平均相差1%～5%。然而，我们测试后发现泥浆在不透水或无空隙的条件下，依然可以烧制纸浆泥。

　　基础黏土中的一些缺陷不会在纸浆黏土中得到改善。正如传统的黏土，烧制之后会出现碎裂、膨胀、抗拉强度低等情况，如果你用纸浆泥做了一批有问题的作品，与其去调整它们，不如制作一批新的，可能会更快。

桑德拉·布莱克（Sandra Black）
《哈登伯吉亚》，2011年
浇注、雕刻、穿孔和抛光的乌木混合瓷，用黑色的着色剂加入纸浆泥，作品尺寸：15.2 cm×26.4 cm
摄影：萨比亚（Sabbia）画廊

雕塑用纸浆泥

做雕塑用的纸浆泥需要用非常顺滑没有结块的泥浆作为基础。直接购买商家的现成雕塑黏土作为转换容易导致作品有一个非常粗糙有沙质的表面。因为传统的雕塑黏土需要大量非黏土"填充物"作为稳定剂，如熟料、耐火泥、沙子、珍珠岩、蛭石等，而这些物质已经在基础黏土中了。

纤维素也是非黏土物质，如果将纸浆加进雕塑土中，黏土中非黏土的物质过高会削弱瓷器的张力。其结果就是无论如何控制温度，烧制的时候都容易破碎。

如果没有办法改变基础黏土，也有很多种方法补救。如果纸泥浆是基于回收的粗糙的"雕塑土"，可以加入一倍至三倍量的可塑性黏土，如球土或者高岭土，以恢复黏土与其填充物的平衡。如果选择这种做法，则需要先在雕塑泥中加入额外的这些黏土后再加入纸浆，并先试烧一份小样以确保效果。

再生纸作为纤维的来源

用棉花、亚麻、软木或者硬木制成的纸是适合添加到黏土中作为纤维主要来源的。尽管可以直接使用这些原始的纤维，但是大多数家庭用纸都含有某种形式的纤维，所以把它们与水混合形成纸浆更为便捷。印有以蔬菜、大豆为基底的油墨的纸张或报纸在烧制的时候会被烧掉。

由于纤维素来源于植物，每种纸纤维都有一个非常复杂的螺旋形DNA结构。因此，纸浆泥也就成为了一种"生物陶瓷"。

长期以来，各种各样的纤维被应用于建筑材料来增加其抗张力度。有人认为人造纤维（尼龙、涤纶等）在功能上可以和纸浆互换，甚至比纸浆更好，因为它们有相同的直径和长度，且不吸水。虽然人造耐火陶瓷纤维的确不会燃烧，与基础黏土混合时也能增加其抗张力度，但它们却少了纤维素的吸水性和其他特征。水、纤维素纤维、黏土之间存在着一定的动态的相互作用，而人造纤维是不可代替纤维素纤维的。

将再生纸转换为纤维纸浆

将纸回收变成纸浆，有几个必不可少的步骤。根据所用到的工具、纸、水量、水温，整个过程可以花几分钟至几小时之久。在实践中，很少有艺术家在第一次混合实验的时候会选择回收纸，因为卫生纸是更方便获得的选择，并且即使是在冷水中，用手就可以分解。

收集和分类纸张以回收利用

当准备要变回纸浆的纸时，可以依据质量、类型和撕裂程度将它们分级和分类。哑光的、油墨少的、干燥时容易撕碎的纸变成纸浆所需的时间短，这些包括了大部分新闻纸、家用或办公电脑用纸、鸡蛋纸盒等。避免使用那些需要更多时间才能分解成纸浆的纸张，如卡纸、硬纸板（含有胶水）或牛皮纸。附录中列出了适合用于回收的纸张可供参考。确定一种可靠、可持续的纸张来源可以更好地控制效果，从而有助于作品的批量生产。同时，也更容易对配方进行调整。

确保拆下信封上的玻璃纸、蜡、塑料、胶水和订书钉等，因为这些东西在水中不易分解。订书钉和回形针在烧制时通常会留下黑色的痕迹，而且这些尖锐物品在拉坯时是很危险的。大多数以大豆为基础的打印油墨不会影响陶瓷烧制后的颜色。一些含重金属的墨水会使烧制的黏土呈棕褐色或更深的颜色，烧制前可以先做一个测试，以检查颜色变化情况。

混合纸浆

在一个大桶里装上四分之三的水，使用温水或者热水可以加速纸浆的形成。将适量的纸浸入水中或将厕所卷纸浸泡在水中，它们就能够很容易分开，如果纸卷中间有纸筒，则应将纸筒拿走。用手或者电动工具搅拌，直到纸全部分解，这样做是为了得到一碗如稀汤一般的纸泥浆。左下方的照片显示了报纸碎变成纸浆的样子。

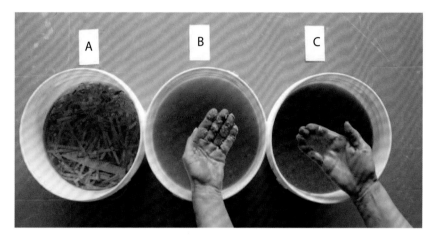

从回收的报纸上撕下的薄纸碎片制成的纸浆呈现灰黑色。桶A的纸还没有完全分解，桶B里面还能够看到水里有碎的纸碎片。在过滤之前继续搅拌直到所有的纸都变成纸浆，如桶C所示。用报纸或者碎纸片制作的话，这个过程会长达半小时或者更长时间
摄影：盖尔·圣·路易斯（Gayle St Luise）

当纸上的斑斑点点都看不见之后，就可以用家用的筛子过滤掉水，收集湿的纸浆了。也可以倒入透明的杯子里进一步检查纸浆里还有没有色斑
摄影：贝琪·尼尔德（Betsy Nield）

左下图：一卷厕纸即使在冷水的条件下也能迅速产生足够多纸浆，可以满足做一小批纸浆泥的实验了
摄影：罗斯特·高尔特（Rosette Gault）

右下图：过滤的另一种方法是将纸浆倒入网袋，沥干，但不要挤出太多的水
摄影：梅丽莎·格雷斯·米勒（Melissa Grace Miller）

处理湿厕纸
摄影：梅丽莎·格雷斯·米勒
（Mellisa Grace Miller）

纸应该被浸泡和拍打足够长的时间以使纤维和纸上的斑点分解和消失。无论是在纸浆水中还是在松散地过滤之后，事先知道分解好的纸浆是什么样子会更好，而且要知道有些纸张比其他纸张更容易分解。做一个简单的预览——在一个中等大小的桶里用力地用手快速揉搓适量的厕所用纸，用厨房的筛子过滤水中的湿纤维或将纸浆水倒入网袋。过滤好的湿纸浆就可以和泥浆配比混合了。

让纸浆保持湿润，如果太多水被挤出，就会形成坚硬的纸浆团，这些浆团在泥浆中不能很好地分解，一块块的浆团在烧制之后会变成空洞。

常用于填充信封或在建筑用品商店中用于隔热的那种"毛茸茸"的再生纸并没有它们看起来的那么好用。如果把它们用于纸浆黏土中，分解不了的斑点烧制之后还是会显现出来，同时，也会在烧制时留下很大的坑和空隙。除此以外，纸浆混合过程中也会产生粉尘。除非工作室窑房通风良好并且位于空旷地区，否则还是尽量避免使用干燥的回收绒毛纸。

在一些国家，阻燃剂经常被添加到回收袋的制作。一般未经处理的纸张在窑中用很低的温度大约 2 ～ 3 小时就能烧完，但经过阻燃剂处理的纸张可以在素烧温度或更高的温度下继续挥发并散发出难闻有毒的气味。

纸浆和黏土的混合比例

对于纸浆泥来说，纸浆和黏土的合适配比可以按体积计算，并且它们应在湿润的时候混合。潮湿状态创造了一种条件——就算最小的黏土颗粒也会困在纤维粗糙的边缘，这可能会影响目前正在研究的专用纸浆泥混合料的烧成性能。总而言之，一旦你获得了足够的关于这种材料的经验，就会适应这种做法并可以在其基础上进行改变。

足够的纤维素可以创建一个均匀的、有弹性的、有内部晶格的纤维且被黏土颗粒隔开。由于具有这种内部结构，在纸浆陶艺干燥或者素烧之后，水或空气都能够在其中流动，直到作品被烧制到玻璃的温度或者被釉层封住。这种结构的功能类似于植物的根部或者可以让血液在皮下组织循环的毛细血管。中空的纤维在潮湿时会稍微膨胀，干燥时又会收缩。

纤维素和黏土的收缩速度几乎相同，尽管湿到干这样的循环变化能够使纸浆泥的形态或多或少保持稳定。虽然纤维素中的纤维可能会在烧制过程中烧毁，但我的研究表明，在大部分的混合材料中，黏土中的空隙都会保留下来，很像化石留下的残留物，所以内部的结构在烧制之后也能减轻外部热量或者潮湿所带来的压力。天气、温度和湿度的变化可能会导致一些烧制过的纸浆泥继续轻微膨胀或收缩，但随后它们会保持多年不变。

纤维素在对纸浆泥烧制前后的稳定性方面起多种作用。在分子水平上，纤维素是一种螺旋结构，由紧密缠绕的线圈组成，有非常好的拉伸抗压强度。由于这些微小的螺旋，纸浆泥在柔软的时候摸起来会有一点弹性，干燥的时候会有一点弯曲。

每一种纤维素都类似于锥形吸管，其内部的晶格使水分和空气可以在干燥的纸浆黏土中"穿梭"。在打磨纸浆泥表面的过程中，纤维素上的开口可以从圆形被压缩成椭圆形甚至扁平。湿气和空气不能通过扁平的纤维流动。那些喜欢在纸浆泥软的时候揉泥和拉坯的人也是基于这个原因。

再放大了看，每一种纤维素都包裹在一个更小的纳米纤维的网状中。在黏土中最小的黏土颗粒也是纳米级的。在混合过程中，这些黏土颗粒会嵌在纳米纤维内部和纳米纤维之间。当纸浆泥的某些化合物被烧制到一定温度时，其中的碳变成气体并离开黏土，许多纳米大小的空隙就会留在陶瓷内部。因此，一些高浓度的纸浆泥可以作为纳米尺寸的多孔材料，根据需求塑形制作。我的早期研究也显示了高浓度纸浆泥可以作为过滤清水及其他的应用。

纸浆泥也可以烧制出玻璃状或不透水的效果。当把那些含有矿物质的纸浆泥或者釉料混合物放入火中，在特定温度下，它们会熔化并填满纳米大小的空隙。特制的精制纸浆泥陶瓷正在开发中。

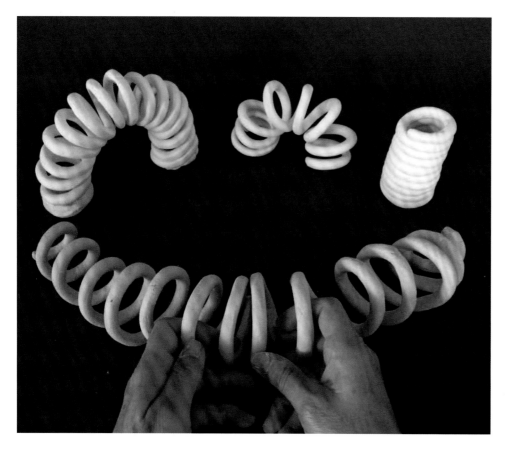

每一种纤维素纤维本质上都是柔韧的、吸水的螺旋结构。如图是用纸浆泥制作出的一些盘绕的圈来展示一下纤维素纤维的动态形状和结构
图片：盖尔·圣·路易斯（Gayle St Luise）

左图：将纸浆加入黏浆中，把桶填满一半。用木棍或尺子标记出水平线，加入一定量的纸浆到水平线位置。标记出新的水平线并搅拌。每次使用相同的桶和木棍以便比较

摄影：罗斯特·高尔特（Rosette Gault）

右图：这种较为随意的目测混合是比较常见的，因为纸浆黏土最好是用新制成的。纸浆泥可以被当作万能的补丁，可以封住大多数传统黏土和纸浆泥上的裂缝

摄影：梅丽莎·格雷斯·米勒（Melissa Grace Miller）

纸泥浆和黏土的混合

用手、搅拌棒或搅拌桨将纸浆放到一个装有泥浆的容器中搅拌。下一页的照片展示了不同比例的、从高浓度到低浓度纸浆泥的调配。不同比例的纸浆和泥浆混合可以产生不同的效果：这些比例的详细情况见附录。可以用体积单位来测量，也可以在搅拌桶的侧面做标记。

潮湿状态下混合

因为每一种再生纸在分解成纸浆的速度、吸水率、纤维长度等特性上都各不相同，所以只根据重量来衡量纤维或纸张就不那么可行了。一般来说，来自同一种纤维的纸浆可以和另一种有相同体积纸浆的纤维进行混合。因此，粉碎的报纸或电脑打印纸可以代替厕纸中的纸浆。学生们会惊讶于不同品牌厕纸在制造纸浆产量上的差异。在潮湿时测量纸浆的体积也可以减少工作室中的粉尘，而且这种方法适用于任何尺寸的容器。

对成果进行测试以确认基础黏土的外观和感觉是符合期望的。为了得到一致的结果，在过程中勤做笔记并使用相同大小的桶和相同数量的添加成分。

一种简单的测量体积的方法是把尺子或木棍放到有泥浆的搅拌桶内，标志出水平线，再加入纸浆，使水平上升到尺子上所需的新标记处。我每次都用同样大小的桶、木棍或尺子。可以试烧一个样品，此时不需要过于计较比例，从中学习并在下一批中进行修正。

雕塑泥浆比例：
1:3 ～ 1:5

略轻质泥浆
比例：1:2

最大化轻质泥浆
比例：1:1

秘诀：用体积测
量法来测试不同
比例纸浆加入泥
浆之后的变化

纸浆黏土指南。图示为用相同尺寸的容器测量湿的纸浆和黏稠的泥浆的比例情况。纸浆倒入黏土中的比例越高，烧制后的重量会越轻。如果添加的纸浆太少，湿泥与干泥的拼接可能会失败。如果加入太多的纸浆，烧制后会变成粉末。雕塑越大，就需要添加更多的纸浆。这张照片展现了烧制出来最轻的混合比例，最右边：1份纸浆：1份黏稠的泥浆，可用于大型雕塑或填充；最左边是1份纸浆：3份泥料；中间为1份泥浆：2份泥浆

图片：盖尔·圣·路易斯（Gayle St Luise）

配方指南

艺术家可以通过调整水量和纸浆的比例来调整基础黏土的成分。如果是临时项目或学生实验，就可以随意地搅拌纸浆黏土，直到它们看起来像燕麦粥一样，这样就跳过了专业精确测量的步骤。但事实上，陶瓷的所有属性——质量、密度、颜色、抗拉强度、硬度、孔隙率和质地——都可以根据需求调整到非常好的程度。

不同纸浆泥配比的一致性。从左到右1：1，1：2，1：3，1：4，1：5。根据个人的喜好和设计目标，快速地把纸浆黏土变成可供拉坯用的黏土。可以使用不同配比的纸浆泥

摄影：罗斯特·高尔特（Rosette Gault）

玛琳·佩德森（Malene Pedersen）
《碗》，1996年
胎薄壁、手捏。纸浆泥在干燥后是非常坚固的，而用传统的黏土制
作的作品会非常脆弱
摄影：玛琳·佩德森（Malene Pedersen）

玛丽亚·盖勒特（Maria Gellert）
《碗》，2004年
这种蓝色纸浆泥瓷器的基本配方中含有高浓度的钴蓝色色剂。彩色
的黏土可以涂上透明的釉面以达到光泽度，作品直径：46 cm
摄影：罗斯特·高尔特（Rosette Gault）

纸浆泥之间的兼容性

不同浓度的纸浆泥在同一个作品中可以黏在一起。在制作过程中，艺术家们通常会选用同一种基础黏土，如果基础黏土的颜色或类型不同，确保它们烧成的温度是兼容的。在制作大型雕塑时，我可能会使用浓度非常高的纸浆进行混合来加强人物雕塑的内部结构。如在胳膊、翅膀或其他交叉结构连接需要厚却轻的部分，可以使用高浓度纸浆。

许多艺术家对他们是否可以把纸浆泥和传统黏土结合起来有所顾虑，一般普遍用法是利用纸浆泥来进行拼接和修补。当纸浆泥占主导地位时，可以使用新的纸浆泥的规则（"干—干"和"干—湿"连接）。可以在已经干燥或烧制过的较小尺寸的传统黏土中加入纸浆泥。

参考阅读

1. Gault, R 2010, The Potential of Paperclay Ceramic in Water Filtration a Case Study in Nicaragua, presented to Ceramic Art and Sustainable Society, Gothenberg, Sweden. Published in three parts in June 2011, Ceramics Art and Perception: Technical, Issue 31, June 2011, Issue 32, Fall 2011, to Issue 32, May 2012.

2. Gault Report, Tests for Water Absorption and Shrinkage of Multiple Clays Compared to Paperclays（unpublished document），1995.

3. 请参阅附录中的图表以了解纸浆中所含纤维素比例。

纸泥浆

在这本书中，液体形式的纸浆黏土被称为纸泥浆，但"paperslip""paperclay slurry"或"p'slip"也是这种黏土的别称。这种商业配方被称为P'Slip®。在整个创作过程中，纸泥浆是万能的。随着水的蒸发，它逐渐变稠到可以稳定制作模型的程度，并且会在空气中硬化。

使用纸泥浆的方法涉及陶瓷和混合介质的实践。纸泥浆可以是黏合剂、表面涂层或缝隙填充物。它的质地可以像汤一样薄、像燕麦粥一样浓，或者更浓——像糨糊、生奶油或土豆泥一样。它可以作为处理表面的外涂层，用来刷、浸和拖。一层层的纸泥浆可以增加深度、加深纹理和颜色。泥浆可以用各种各样防火的颜料进行着色或染色。它经常被用于修补干燥的或者烧制好的纸浆陶瓷，以及在干燥、浅灰色或釉面陶瓷马赛克周围填缝，也可以利用纸泥浆在不同的模具里进行翻模。

纸泥浆吸引了一些充满想象力的艺术家，他们想要把雕塑和混合材料的方法与陶瓷工艺相结合。例如，一小块烧制的陶瓷可以组合进一个很大的纸泥浆做的墙板上。

纸泥浆也可以以一种绘画的形式应用在各种肌理丰富的表面上。

上页图：瑞贝卡·哈钦森
（Rebecca Hutchinson）
《墙上装置》，2008年
未烧制的纸浆泥制瓷
摄影：霍尔特博物馆（Holter Museum）

右图：罗斯特·高尔特（Rosette Gault）
《飞行》，2012年
3月至4月，在西雅图诺德斯特罗姆（Nordstrom）橱窗展出的纸浆泥制瓷墙作品，作品尺寸：
300 cm×200 cm
摄影：罗斯特·高尔特（Rosette Gault）

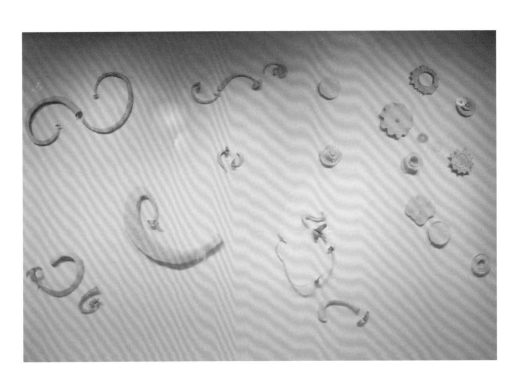

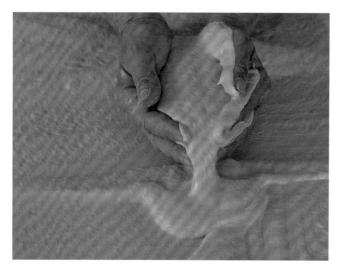

如果倒到石膏板或模具上的纸泥浆超出了需求量,可以把多余的再倒回桶里
摄影:梅丽莎·格瑞斯·米勒(Melissa Grace Miller)

在石膏板新浇注的厚泥浆上压印干的、翻模的、素烧的、上过釉的或烧制完成的形状,泥浆会变得干燥,并在烧制中保持它们的位置
摄影:盖尔·圣·路易斯(Gayle St Luise)

运用纸泥浆的注意事项

一旦将纸泥浆与其他部分混合,它就会看起来像一碗黏稠的粥。在沉淀一夜之后,用海绵吸出或者直接倒出多余的水。如果将混合物放在桶中没有盖盖子,时间长了它会变稠。沉淀的时间长短取决于水量、温度和空气中的湿度。需要每隔一天定期搅拌。

纸泥浆中的水分可以根据需要调整到合适的浓度。如果混合物变得太稠,就加入一些水。如果条件允许,尽量在一两周内用完新制作的纸泥浆。如果因疏忽而使纸浆泥在桶内变干了,则可回收利用。

请阅读附录中关于纸浆泥的储存和老化问题的更多内容。

纸泥浆作为黏合剂

在各种潮湿状态下(半干、干燥、素烧,烧制完成),使用纸泥浆作为纸浆黏土之间的黏合剂,"干—干"部分之间的黏结通常比半干过程中的黏结更安全。传统的做法是在接触点预先刮出毛糙肌理,以增加黏合面积,再添加纸泥浆。

纸浆泥的连接方式是多样的。

一块新鲜柔软的泥条被添加到一个已经干燥的小罐边沿,当两部分被压到一起,可以在接缝处看到一圈作为胶水的纸浆泥浆被挤出来。

纸泥浆几乎可以附着在所有的孔隙、半孔隙、哑光和半哑光表面。它能牢固地附在干燥的纸浆泥,低温烧制的纸浆泥,素烧的、软的或硬的耐火砖或泥瓦砖上。

除此以外，纸浆泥也能很好地附在其他多孔材料上，如天然织物、纸、纸板和木材等。对于无孔的光泽表面，如玻璃或上釉陶瓷表面，通常可以刷或喷上一层薄薄的纸泥涂层，以在烧制前产生一种脆弱的、暂时的黏结。当烧制到合适的温度，纸泥浆的涂层就会黏在一起。

纸泥浆可被用作密封材料或者涂层

在干燥的泥条盘筑作品上涂抹纸泥浆，就可以瞬间密封。

碗的外部展示了一些用笔刷在盘条上涂抹单层和多层纸泥浆的效果。涂层越多，盘条的轮廓线越淡。在这里，纸泥既可以用作黏合剂，也可以用作表面涂层。把表面做粗糙再用泥浆来进行连接，这种传统方式对于纸浆泥来说是不必要的。在许多情况下可以跳过这个步骤。

新制作的泥条盘筑作品非常柔软，在各种角度都能够干燥得很快。在干燥阶段，用一层薄薄的纸泥浆整齐地和盘条连接，并且晾制几分钟。

等作品到干燥状态再做连接是陶瓷制作中一种新的做法，这样做有许多实际的便捷之处。干燥和坚硬的盘条比柔软或半干的盘条更不易产生凹痕和指纹。精心安排的盘条产生出来的图案通常是值得保留的。如果在纸泥浆中有足够的纸浆，接合处干燥时基本不会产生干燥裂缝。如果处理后盘条上还存在裂缝，可以重复修补过程或改变纸泥浆的配方。

为了把干燥的盘条密封，在它们上面涂上一层纸泥浆。首先在内部先密封好，等它干燥，然后把盘碗完整地提出来。图中玻璃碗被当作一个临时的"巢"，在制作过程中被用来支撑纸浆黏土盘条，直到盘条完全硬化。盘条的线条被保留下来了，如果想要使其变得平滑，可以增加泥浆的层次来使其变厚。喷洒植物油在碗中将有助于提早取出还不太干燥的盘条，尽管这个步骤不是必须的
摄影：盖尔·圣·路易斯（Gayle St Luise）

用于修补的纸泥浆

在所有用纸泥浆修复的情况中，对于新手来说较大的裂缝的修复相对容易。用薄的纸泥浆在干裂缝上和周围填充（注意：纸泥浆在半干的碎片中不会像在完全干燥的裂缝中吸收得那么多），泥浆在干燥的裂缝中被吸收得最多，多余的部分可以用刀片修剪或用湿海绵擦拭干净。对于缝隙的填充物，可以在缝隙中涂抹一层厚厚的泥浆，再在室外或温暖的地方完全干燥。

对于修补，纸泥浆在纸浆陶艺中的使用效果最好，但很多人也用它来修补非纸浆黏土的陶瓷。这就是许多传统陶艺家最开始了解纸浆泥这一材料的方式。

对于一个大裂缝，我通常会在裂缝周围很大一块范围（5 ~ 10 cm）内用湿海绵擦拭干燥的纸浆泥。表面多余的水在干燥的器皿上会很快蒸发掉，但这为表面修复做好了准备。艺术家有时也可以修补素烧好的裂缝，烧制到04号锥，素烧后的黏土或纸浆泥是有孔隙的。素烧后的修复方法和干燥之后的修复方法是有一些不一样的：要先把素烧好的东西弄湿，再涂上一层薄薄的纸泥浆。

最好是等一层干了之后再涂下一层，随后的层可以涂得更厚。空隙也可以用厚的纸泥浆填充。等修补变干后，再用高温素烧温度再次烧制新的接头进行测试。如果裂缝仍然存在，重复这个过程。

用纸泥浆修复素坯的成功率为50%，而干燥的纸浆泥修复的成功率为98%。细微的裂缝可能是一个特殊的挑战。

修补和修复的主题是宏大的。艺术家们采用并融合了其他学科的方法，如汽车车身维修、建筑工程、织物剪裁等。

用于内部加固和填充的泥浆

将随意大小、质地、形状或状态的纸浆泥条或剪纸浸入纸泥浆中，然后将这些修补绷带用到正在创作的作品上。

可以将贴片或绷带应用到正在进行的作品内部或外部中去。如果纸片很薄，大多数这些修补的碎片会在几秒钟内固定住。如果泥浆很厚，可以先给已经干燥的纸浆泥配制的瓷土上补水，再使用。

对于涉及大型项目的干燥纸浆泥来说，用纸泥浆加固的话会很方便。那些需要内部结构支撑的作品，也可以用纸泥浆制作用来交叉支撑的部件。

当组装干燥的部分时，厚达几十厘米的泥浆可以用来连接结构干燥的部分。

左图：将新鲜的泥条连接到一个干燥的手捏壶上，先用水浸湿干的泥料的边缘。如果需要，可以在表面刮出一点纹理，涂抹一层纸黏土，然后将软的纸浆泥条压到合适的位置
摄影：梅丽莎·格雷斯·米勒
（Mellisa Grace Miller）

右图：分层和纹理——在湿的纸浆泥片上用梳子刮出纹理。中途水分蒸发，纤维的排列变得整齐。等待新的纹理变硬，表面光泽消失后再浇注新的一层。如果要制作多种肌理效果，可以在不同的方向铺很多层
摄影：盖尔·圣·路易斯
（Gayle St Luise）

　　为了加强连接处的强度，可以使用一种比普通黏土更耐火且抗拉强度更高的黏土——将特殊的耐火纤维（如玻璃纤维，织布，耐火纤维毯或氧化铝纤维）混入纸泥浆中即可得到这种黏土，然后将其用到连接处。

控制纹理效果

　　现在，我们有时在陶瓷中可以看到新的外观和纹理，它们是通过对纸泥浆进行有想象力的实验得来的。例如，木材和某些种类的纸都有自己的纹理。在纸浆泥中，艺术家可以通过控制纤维的主要方向来创造类似的效果。

　　在一堆纸泥浆变硬之前，可以用手指、锯齿肋骨、叉子、梳子或其他工具搅拌它。在这个制作纹理的过程中，表面不会出现结构的改变，但在泥浆的深处，三维的晶体结构将重新安排。我在制作较大的、厚泥浆的平板时也会选用这个方法，但它也可以适用于浸过泥浆之后的处理。浇注而成的薄泥板也很容易制作，就像胶合板。层压效应可以用于结构连接处的修复或与加固相结合。

厚的纸泥浆

　　或厚或薄的纸泥浆可以制作出许多像纸、粥、水、漩涡、河流、波浪顶部、蛋糕糖霜、毛簇等效果的肌理。

　　高黏稠度的涂层通常会在不开裂的情况下变干。为了在干燥过程中有意使纹理开裂，可以减少配方中的纸浆含量。一些艺术家也可以将用来烧制的材料，如椰子纤维、种子、大米、面条和锯末搅拌到纸浆泥中，然后将混合物作为糊状物涂在表面上。

涂层和蘸泥浆

给物体表面涂纸泥浆的方法吸引了很多艺术家及那些没有陶瓷制作经验的人。这是一种可以很快地改变物体外观的方法。它常被用于未烧制的纸泥浆，许多材料都可以与它兼容。纸浆泥也可以与许多方法组合使用，通常来说都是用于其他雕塑种类的材料组合，如蜡、金属和玻璃等都曾被那些熟悉窑内烧制的艺术家结合起来。有时，不使用陶瓷窑炉的艺术家和雕塑家也会采用纸浆泥进行创作。

虽然纸泥浆可以通过喷涂、涂刷或海绵涂抹，但浸泥浆也很流行。艺术家们会把各种各样的材料浸釉：纸张、纸板、海报板、盒子、绳子、麻绳、树枝、细枝、木头、叶子、有机海绵、食物和植物、椰子纤维、衣服、鞋子、面条、种子、木头、皱巴巴的纸、蜡等，这就产生了以前在陶瓷中没有发现过的表面纹理。这些特殊效果的表面可以应用乐烧、还原、金属釉和光泽等釉料的烧制工艺。

通常情况下，被浸的物体至少需要三层纸浆泥涂层以建立足够的厚度，当被浸的有机部分烧尽，物体也会变得牢固。接着，需等第一层稍微变硬或完全干燥后再进行下一次浸泡操作。

丽贝卡·哈钦森（Rebecca Huchinson）
创作进行中，2008年
将剪纸多次浸入纸泥浆中，形成一层厚的涂层。每次浸泡之前都先确保之前一层已经干燥。重新润湿可以软化干燥的剪纸形状，这样就可以制作它了，等干燥后就可以组装了
摄影：罗斯特·高尔特（Rosette Gault）

海伦·吉尔摩（Helen Gilmore）
将编织的模板浸入纸浆浆中。浸湿的编织物被拉伸并排列在一个气球上。当结构干燥时，空气就会从气球中释放出来。在坚硬、干燥的结构上刷上一层层的泥浆以增加厚度。之后，将一个"针织"壶嘴和把手连起来制作出茶壶
摄影：海伦·吉尔摩（Helen Gilmore）

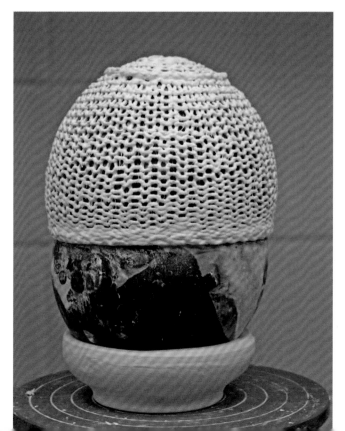

特蕾莎·勒布朗（Thérèse LeBrun）
把一个装满软的填充物的尼龙袜袋浸在泥浆中。为了增加壁厚，等涂层变硬或干燥之后再浸泡。最后，沾上干燥的有机材料（大米、种子）、其他可以黏住的材料或马赛克材料，在适当的地方晾干。最后可视情况决定是否需要再沾一下泥浆。干燥后，将填充物从袋子中取出，留下一个表面特殊的薄壳
摄影：保罗·格鲁索夫（Paul Gruszow）

一根细枝被纸泥浆覆盖，燃烧后留下一个中空的外壳。这些可以在纸泥浆干燥后或在素烧阶段组装，确保涂了足够的纸泥浆，否则烧制之后将太脆弱而无法处理。过程中确保窑炉通风良好
摄影：迈拉·托斯（Myra Toth）

　　一些艺术家，比如格雷厄姆·海伊（Graham Hay），把长绳子浸在纸泥浆里，像晾衣绳一样绑在树之间晾干，再把坚硬干燥的成品剪成不同大小。浸完的绳子可以做盘条的替代品。将天然纤维线和纱线浸入纸泥浆中，形成像蜡烛一样的厚层。刚制作完成的纸浆泥作品无法独立支撑，也不能附着在多孔表面、干燥或素烧之后的辅助物上，最好把作品放置在石膏表面、气球上或悬挂在半空中直到足够牢固、可以直立。带有涂层的干线弯曲的外观会让人联想到电线。

　　当像细枝这样的物体被浸在泥浆里时，细枝在烧制过程中会烧尽，只留下一层薄薄的、空心的陶瓷外壳。在创作过程中，这些形式通常会激发新的灵感，让创作者感到新颖，因为它们可以被组合、堆叠、组装成无限的变化。

　　可以用多种方法改变纸泥浆的干燥形式或通过组合的形式改变其外观。干燥的纸浆泥很薄，水分会重新软化下面干燥坚硬的部分，而这刚好足够把它移到一个新的位置。

烧制浸过纸泥浆的有机材料

　　燃烧的有机材料，如草、树叶、树枝、花、圆锥体、纸、纸板和皱巴巴的纸团等会产生一种烟雾，这是窑内通风系统设计的目的。在私人工作室里，适当的烟雾是可以的。与此同时，如何避免烧制这些材料所带来的风险和采取一些预防措施是

上图：玛丽·尚特洛（Marie Chantelot）
给小骨头和虾涂上一层薄薄的纸黏土。在第一层完全干燥后再涂一层来制作精致的陶瓷外壳并且进行组装
摄影：保罗·哈斯奎因（Paul Hasquine）

下图：米格尔·安吉尔·帕迪拉·戈麦斯（Miguel Angel Padilla Gomez）
把一个金属鸟笼裹上一层纸浆泥，然后放进一个装满纸泥浆的大桶里。再次浸泡之前，给涂层一些干燥时间以建立表层。除了干燥或烧过的纸浆泥，还可以加入其他材料，包括金属。但不建议初学者和学校工作室加入金属，因为在烧的过程中有释放有毒烟雾的风险
摄影：米格尔·安吉尔·帕迪拉·戈麦斯（Miguel Angel Padilla Gomez）

安东尼·福（Anthony Foo）
《牢笼》，2009年
烧制，纸浆泥涂层的铁丝网框架与
手工制作的附加物品，作品尺寸：
76 cm×35.5 cm
摄影：安东尼·福（Anthony Foo）

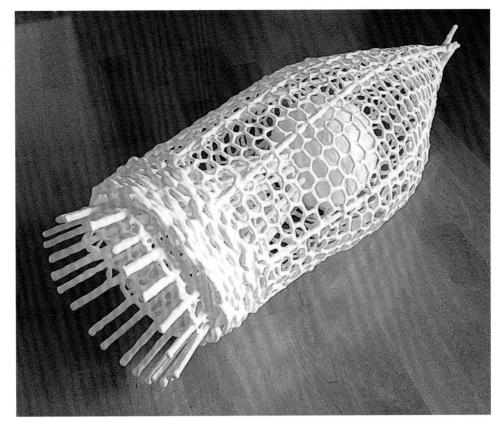

必须的。勒布朗（LeBrun）和特里帕尔迪（Tripaldi）等艺术家建议，除了玉米粒，大多数种子都很容易燃烧，因为玉米粒在燃烧完的时候会膨胀成"爆米花"。

使用金属和混合材料的注意事项

一些艺术家将柔软的纸浆泥放入金属丝框架中或将金属浸在泥浆中，就可以得到一个可弯曲的结构或框架。这对许多从业者来说是一种使其表面呈现出"陶瓷"外观的新方法。相比之下，可用于金属的色浆或其他涂层的范围更为有限。虽然在金属和人造材料上涂纸泥浆然后烧制它们是方便和快速的，但是要注意保证通风系统运作良好。燃烧裹了纸泥浆的金属（如铁丝网、金属网、五金网、废金属、五金、铸铁、锻铁、电线等）只有在通风良好的工作室才能进行。

不建议将软或硬泡沫、乳胶、海绵、塑料袋、杯子、塑料等人造材料浸纸泥浆后在窑内烧制。在许多城市地区，这些物品（即使是覆盖着黏土的）被认为是有害垃圾。

在现代纸浆黏土出来之前，柔软的油泥、橡皮泥或蜡通常用于雕塑课上的金属或木棒人物塑造。一些纸浆黏土艺术家借用这个框架的想法来支撑软纸浆泥或纸泥浆。一层纸泥浆在干燥时不会像传统的泥浆那样容易脱落。

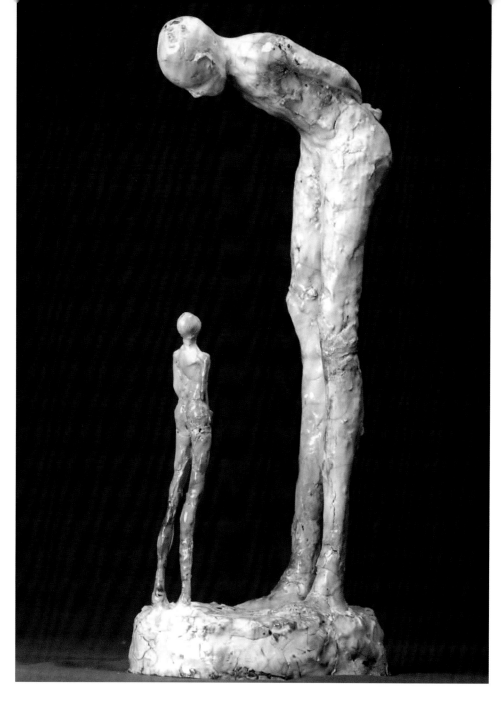

洛里·阿科特（Lorri Acott）
《与自己对话》，2008年
乐烧纸浆黏土与金属电芯，作品高
度：40.5 cm
摄影：里克·尼（Rick Ney）

　　洛里·阿科特（Lorri Acott）发现浸过泥浆的大型镀锌金属在火中比其他金属
（如不锈钢或铁）更不稳定，但是浸过纸泥浆的细镀锌金属是很稳定的。一些专用电
线（如镍铬金属丝）在窑中经受高温后仍然易弯曲。

　　大多数金属与纸浆泥能够很好地融合在一起。烧制后的融合程度在很大程度上
取决于泥浆中的矿物。高钠基黏土泥浆是许多正在研究的混合料之一。

　　建议大家从一开始就谨慎地处理浸过泥浆的物品，同时也要考虑到可能给邻居
造成的困扰，尤其是动物和孩子，在城市地区尤其需要注意健康和安全。除此以外，
还应妥善处理含有这些成分的垃圾。

用纸泥浆来塑造

纸泥浆会滴或拖下来，所以在操作过程中可以使用一些工具，比如厨师用来装饰和制作蛋糕花边的工具。将纸泥浆挤进一个塑料或布袋，剪掉一个角作为临时用的工具也是可以的。"泥浆的痕迹"可以在干燥后立在边缘上，用作雕塑或墙壁作品的组成部分。安东内拉·西马蒂（Antonella Cimatti）发明了一种方法，在兽医用的注射器里装填纸泥浆，在石膏上画出细线，干燥后就像注浆成型一样能从模具中脱出来。

安东内拉·西马蒂（Antonella Cimatti）和罗斯特·高尔特（Rosette Gault）
安东内拉·西马蒂将纸泥浆挤一个袋子，把底部的角剪开，把泥浆按照一定轨迹挤在一个大的开放式石膏模具里。纸泥浆轨迹非常坚固，干燥后可以竖立在边缘上
摄影：罗兰多·乔瓦尼尼（Rolando Giovannini）

用注射器将纸泥浆注入石膏模具中。最终软皮革状态的"花边"将足够坚固，在水光蒸发后能很快从模具中脱出来。脱出后，再放入模具中待其干燥。这是安东内拉·西马蒂（Antonella Cimatti）发明的方法
摄影：罗兰多·乔瓦尼尼（Rolando Giovannini）

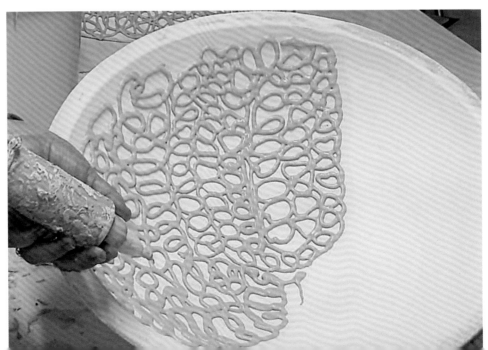

在模具中用纸泥浆翻模

纸泥浆可以倒进石膏、乳胶、橡胶或砂制模具中来翻模。石膏模型可以捕捉到纸泥浆中细微的细节。注浆过程与传统的注浆方法相同，但与传统黏土相比，纸泥浆能够更好、更快地从模具中脱出来。半干后注浆出来的纸浆泥更像织物，所以在处理过程中不太容易被撕坏。

从传统的注浆成型中总结了一些做法：石膏模具在开始的时候不应该太干燥，否则第一次浇注的纸浆黏土会黏住。纸浆泥注浆成型应在纸浆泥还有水分时从石膏中脱模。用水稀释纸浆泥，找到最好的稠度来注浆。

对于泥浆翻模，这本书所讲的如燕麦纹理的泥浆配方很容易从"宽口"的大部分模具脱模，但不是那么好从"窄口"设计中脱模。如果想使用一个"窄口"的石膏模具，需要打开模具的两半，将纸浆倒或涂抹在模具中。当这两半模具中的纸浆泥干燥并脱出来后，把它们再合起来。

尽管直接将纸泥浆倒入石膏模具中可以捕捉到所有的细节，但在一个接近实物大小的模型中，要管理一堆沉重的纸泥浆土就更难了。模具边缘的壁厚趋于变薄，可以在注浆变干后，通过加入一个新的泥条使薄弱的边缘变厚。在大规模制作的情况下，将半湿泥片压入模具比注浆要快得多。我一般在注浆坯体干燥后才对其进行修补、打磨和去除合模线，因为此时坯体达到了最大的强度。干了的注浆坯体在修剪和装配时能够保持形状坚固而不易变形，这比半干的阶段更好操作。

苏珊·舒尔茨（Susan Schultz）
《塑料海洋的意外后果——信天翁》（细节），2011年
纸浆泥制瓷翻模非常像被冲到海滩上的垃圾和碎片
摄影：迪安·鲍威尔（Dean Powell）

泥浆作为脱模的润滑剂

　　薄的纸泥浆通常可以用来让软皮革状态的纸浆泥保持黏着在玻璃和其他无孔材料上的状态。用扇形工具在玻璃、陶瓷釉或其他无孔表面或无孔塑料或树脂表面刷一层薄到近乎透明的纸浆黏土层，等涂层完全干燥后再印模。在无孔玻璃或陶瓷上喷涂菜油是另一种防止半湿纸浆泥黏在一起的方法。

在无孔的表面刷上一层薄薄的纸泥浆，就像这个玻璃碗。5 ～ 15分钟后就会变干。此后，将纸浆泥轻轻压进碗里就不会黏在上面了
摄影：罗斯特·高尔特（Rosette Gault）

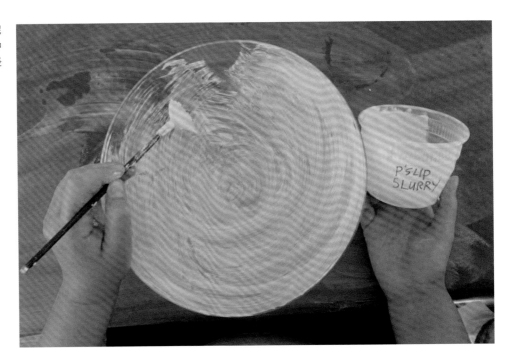

把泥浆变成纸浆泥

　　要制作纸浆泥模具，需等待纸浆泥在户外的石膏晾干架或架子上变厚。纸浆泥最好的注浆时机可以直接观察出来。倒出一层厚厚的纸泥浆并注意观察，一旦水的光泽从顶部消失，用橡胶刀刮起软的纸浆泥。将黏土团成一个球，用塑料或湿毛巾包裹几天。天气、湿度、空气循环和温度、石膏中的水分，以及浇注的厚度和用量都会影响蒸发所需时间。在一次测试后，我知道了浇注的厚度及所需的时间（无论是5分钟还是2小时，可以根据自己的节奏去尝试），也可以根据时间安排自己的工作计划。例如，如果想在一整夜后得到软的纸浆泥，那么我可能会倒出特别厚的一整块泥浆备用。

罗斯特·高尔特（Rosette Gault）
《被爱者的幻象云体》，2012年
纸浆泥制瓷，前景：37 cm×
31 cm×8 cm
摄影：罗斯特·高尔特（Rosette
Gault）

根据不同的条件，在5分钟到8小时的时间内，泥浆会变成软的纸浆泥。如果条件很理想，即纸浆黏土较厚、石膏板干燥、石膏板的厚度超过2 cm且空气湿度较低，纸浆泥可以很快形成。如果泥浆是流动的，多次倾倒泥浆后石膏变得潮湿，或者两次倾倒之间没有时间使石膏板干燥，那么这个等待泥浆变成泥的过程将需要更长的时间。如果石膏是湿的或未固化的，泥浆不会变成纸浆泥（新制作的石膏块可能需要长达两周的时间来干燥和固化，以便于从纸泥浆中排出水）。如果是把泥浆倾倒在网架上或非石膏的吸水表面上，我会调整相应因素来掌握时机。

通常，我会选择简单的方法——让时间来解决问题。但当不想等待且需要一个光滑的石膏表面时，通过我发明的"快速揉泥"的方法，可以在2～10分钟内做出少量的软的纸浆泥。为了得到一团黏土，可以倒或涂抹一堆泥浆在石膏板上。一旦这堆泥浆开始凝结，上面水光消失，就把软黏土用刮刀集中起来变成一个球。

如果急需大量软纸浆泥，则需要一个大的石膏板和更多的泥浆。倒完之后根据两边变换的节奏来操作。用一根很大的刮刀把大部分潮湿的纸泥浆分到石膏板的左边。在右边，有一层薄薄的纸浆泥层。为了获取它，用软刮刀把右侧的黏土刮起来。接下来，在另一边重复这个过程。我把上面还剩下的泥浆（在左边）顶部用刮刀推到右边现在可用的空间上，这个过程在左侧暴露了一层新的纸浆泥。当从左边收集到新鲜的纸浆泥的时候，就放在右边，在倒入的底部，准备再次收集。我重复这个过程，一边到另一边，直到所有的纸泥浆都变成柔软的纸浆泥并被收集起来。

尽管软的纸浆泥会随着水的蒸发继续变硬，但柔软的纸浆泥很容易用任何传统方法塑形和揉泥。过了软皮革状态，用手揉就变得越来越困难了。高浆纸浆泥在柔软的状态下比传统黏土凝结快一点，塑料感较少，感觉有点像油灰。配方中的纸浆量和基础黏土的类型都是要考量的因素。

虽然影响纸浆泥生产的因素很多，但只要试过几次，就可以较轻松地获得好的纸泥浆作为基础。近年来，艺术家们通过实验发明了很多的混合与准备工作的捷径。

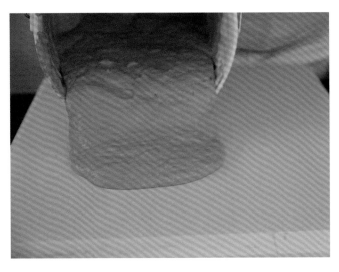

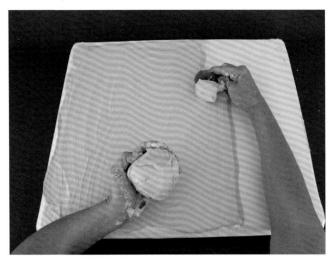

左上图：将新制作的纸泥浆倒在干燥的石膏板上。水会蒸发，软的纸浆泥会逐渐出现
摄影：盖尔·圣·路易斯（Gayle St Luise）

右上图：倒一滩厚厚的纸泥浆到石膏板上。表面的光泽将开始消失，因为多余的水排入石膏和从上面蒸发。当光泽消失后，用橡胶刮刀刮起非常柔软的新的纸浆泥层成一个球状
摄影：盖尔·圣·路易斯（Gayle St Luise）

右下图：要测试软的揉好的纸浆泥，用线切割检查黏土块是否有可见的纸张绒毛。制作精良的纸黏土外观和手感都很统一。如果是手工制作，也可以选择揉泥。如果打算拉坯做个小壶，先揉泥是一个好主意
摄影：梅丽莎·格雷斯·米勒（Mellisa Grace Miller）

第四章

软皮革状态

上页图：丹妮拉·施拉根豪夫（Daniela Schlagenhauf）《独一无二》，2010年
瓷、纸浆泥，作品宽度：50 cm
2011年在拉瓦尔（Lavoir）画廊展出
摄影：索瓦松（p. Soissons）

左图：举起刚浇好的泥板，当它还很软的时候，下面会有一层空气
摄影：盖尔·圣·路易斯（Gayle St Luise）

右图：超薄瓷杯正在制作中。软皮革状态的纸浆泥可以立起来并形成一个环状，让它在户外不受影响地干燥。一旦干燥，泥板就不会再变形了，同时可以给它加底，它们就都能保持完整了
摄影：盖尔·圣·路易斯（Gayle St Luise）

我们所熟知的陶瓷工艺如手捏、盘条和泥板成型都可以应用于纸浆泥。

软模型纸浆泥的状态有很多种，从近浆糊稠度状态到与传统黏土非常不同的状态，我们需要一个新词来描述纸浆泥状态。软皮革的阶段与传统黏土所对应的阶段是完全不同的，而这给了艺术家更多的可能和尝试空间。

软皮革状态是介于软和硬之间的湿润状态，有点像柔软的皮革或潮湿的织物。在这个状态下，当它被举到空中时，薄片会保持完整，或者当被卷成管子时，它的表面也不会出现裂缝。与传统黏土中的泥板不同，软皮革状态可以有更多处理的可能，这种状态下能够承受抬起和卷曲泥片所带来的压力。

对精准度有要求的人很快会发现，在"易受影响"的潮湿阶段处理纸浆泥会影响干燥和烧成的结果。比如，卷曲和走形在传统黏土中是一个典型的问题。如果在潮湿阶段处理得当可以对前面的所有步骤产生好的影响。

对软皮革状态纸浆泥的描述

软皮革状态的纸浆泥板像湿毛巾一样松软，同时又足够结实，能够卷成管状、折叠或制造褶皱。首先，纸浆泥板足够柔软，可以让人对其做一些改变。然而就像金属一样，纸浆泥板或纸浆做的线圈过度使用也容易破裂。

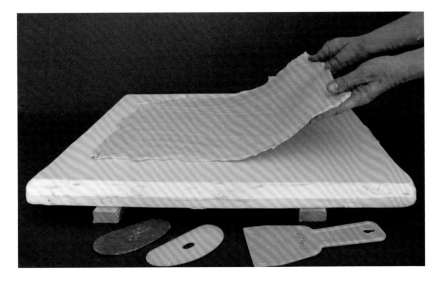

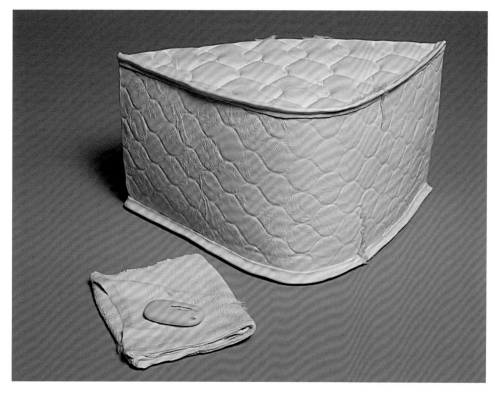

昂纳·弗里曼（Honour Freeman）
《一天的形状》，2005年
含棉线的纸浆泥徒手制作，作品高
度：45 cm
摄影：迈克尔·克鲁瓦内克（Michael
Kluvanek）

　　用纸浆泥制作的泥条就像沉重的绳子，可以被提起和排列。一开始，它们会太松软，无法保持形状。但柔软的线圈可以互相编织，甚至可以编成篮子。当泥条或泥板变硬时（大约半小时左右，看天气情况），它们能够立起成型。

　　过了软皮革的阶段，纸浆泥会变硬，在折叠、拉伸和弯曲过程中形成的一些细小的裂缝和纹理开始显现，所以外观看起来像皮革或皮肤一样。虽然表面出现的裂缝有时可以用少量的水来重新软化它们，但等到所需形状完全干燥后再填充裂缝或处理表面会更好。

　　折叠的泥板或镂空的泥板可以是独立的形式，可以等干燥后再组装。

在软皮革阶段制作泥板

　　有几种方法可以用简单的工具准备或薄或厚的纸浆泥板。我们刚刚看到了如何快速在石膏板上摊开纸浆泥浆。或者，如果手上有一块刚揉好的纸浆泥，可以用手掌把黏土压平，放在工作台面上，做一个"肉饼"。经常翻转"肉饼"，以保证顶部和底部泥平均且平整。另一个简单的方法是在柔软的纸浆泥上用双手之间拉出的细绳或金属丝切出2～5 cm的薄片。初学者可以把纸浆泥或者泥放在一组木制薄片导轨之间，将纸浆泥放在中间以防将其擀得过薄。软皮革阶段的纸浆泥足够结实，可以提起、翻转，也可以被移动到一个干燥的桌面上。

非常薄的纸浆泥薄片也是可以制作的，只要确保桌子或下面的石膏板不湿不黏。不过需要经历几次的尝试才能领会搬运、提起它的技巧。如果石膏板上的薄板开始变黏，可以用橡胶刮片刮起边缘。纸浆泥并不适用于在帆布上压制泥板，如果希望通过帆布印花的话需要在之后抚平。如果在光滑干燥的石膏制作薄板，有时先用湿海绵湿润石膏会有所帮助。如果想做非常薄的纸浆泥瓷器，只需要少量练习就可以掌握泥板所需的合适湿度了。

大多数软皮革状态的泥板制作技术都是从传统黏土实践中传承下来的。第一个必备技能是识别最容易处理、切割、弯曲、折叠和悬垂软皮革状态的泥板或判断泥条盘筑合适的时间和水分状态。这取决于纸浆泥的类型和工具。对于那些通过石膏来制作纸浆泥板的人来说，将它从石膏板上抬起会有一个最佳的时机。对于新浇注的泥板，这个最佳时机是软皮革状态的阶段。可以让泥板在石膏上放更久一些以便更好地使它与石膏分离及处理。掌握了最佳的软皮革状态，就能够更好地折叠、弯曲、悬挂、制作褶皱。等待得越久，纸浆黏土会逐渐变硬直到泥板可以自己在半空中立成一个拱形。等待的时间从几分钟到一夜不等。一般来说，大约是10分钟到1小时。

能够熟练处理软皮革状态的泥板是能够成功制作更大面板、瓷砖、平整泥板成功的关键。纸浆泥的记忆现象是导致泥板和泥条盘筑在烧制过程中意外弯曲的主要原因之一。

把软皮革状态时有纹理的泥板从模具中取出，然后翻转过来，不要撕裂它。现在它被垂放在一个拱形的木架上，在室外晾干。石膏模具在前面。约翰·格雷德（John Grade），由黛安·巴克斯特（Diane Baxter）、蒂姆·巴克斯特（Tim Baxter）、特拉维斯·斯坦利（Travis Stanley）和埃迪罗达（Eddy Radar）协助。约翰·格雷德（John Grade）的大型项目得到了西雅图西北陶器公司（Pottery Northwest）的支持，作品于2010年在纽约展出
摄影：罗斯特·高尔特（Rosette Gault）

  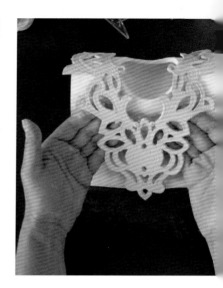

左图：贝斯蒂·尼尔德（Besty Nield）
正在制作中
用剪刀在薄薄的软皮革状态的泥板上剪出一条脆边。也可以用锋利的木棍、针或刀片进行裁切。干燥后边缘很容易被分离
摄影：艾米琳·尼尔德（Emilyn Nield）

中间图和右图：裁剪成蕾丝效果的纸浆泥板在软皮革状态时是足够牢固的，可以被提拉和悬垂。为了保持边缘清晰，通常在边缘线线干燥后对其进行补水。最好等镂空泥片干燥后再连接
摄影：盖尔·圣·路易斯（Gayle St Luise）

软皮革状态下泥板的切口或边缘可以很容易地用针、尖棍或刀片切出斜面。当它还是平面状态的时候，可以用手指使尖锐的边沿变得光滑。潮湿的状态是非常合适做一些细节处理的，可以在边缘制造凹槽和褶皱，还可以完善泥板和泥条斜角的边缘和角落。一旦边缘处理好之后，可以选择一个合适的位置折叠，悬挂着晾干。修剪完最后的边缘，在边缘变干后，用湿海绵擦拭至少一次。如果过度处理边缘，在软皮革状态下指纹和凹痕会马上显现。

处理精致的切口

一片薄的软皮革状态的纸浆泥片可以被处理成蕾丝形状的切口，这样其支撑力足够强，可以支撑其覆盖在干燥的形状上面悬挂、晾干。为了完成精细的工作，用软皮革状态的纸浆泥制成的小球暂时把脆弱的连接处和接触点覆盖住，这有助于把它们黏在一起。等干燥时小球可以很容易被翘起，不影响下面的切口。如果出现了因压力造成的裂缝，在干燥阶段也可以用泥浆进行修复。

将软皮革状态的"褶皱"轻轻地安排在形状优美、曲线流畅的体块上可以制造出较为理想的形式。随着越来越干燥，它最多会缩水10%。把坚硬干燥的花边从它附着的体块上提起，在它和干燥的躯干之间放一些软黏土团，再把它放回到柔软的棉絮上，就可以精准地确定干燥花边的位置。等它软硬刚好时，就可以运用"干—湿"接口的方式连接这块装饰。我会用一个类似球的软黏土固定形体。

约翰·格雷德（John Grade）
2010年
在软皮革阶段改变注浆成型泥片上的纹理。
压下厚纹理的部分，使每个面板的表面不同。之后又将新的泥浆注入到特殊的形状中，最后几块泥板可以在一个大框里合并，作品在纽约展出
摄影：罗斯特·高尔特（Rosette Gault）

软皮革状态下的纸浆泥：两种记忆模式

潮湿状态的黏土可以记录处理过程中发生的事件。黏土干燥后是否会烧平、干燥后变形，都可以通过理解它的原理来控制其程度。纸浆泥在软皮革状态下，其内部黏土颗粒排布方式会被设计者的揉制手法影响，纤维素纤维内部的动态结构也会被改变。

陶工们都知道，黏土记忆取决于湿黏土内部黏土颗粒的排列和分布方式。陶土对于设计者的操作手法是有记忆的，拉制而成的壶嘴在窑中向外弯曲，所以陶工用一种特殊的方式处理壶嘴来弥补这一点。拉坯的目的是让所有的黏土颗粒在同一个方向，纸张记忆为这个等式提供了一个新的维度。它是由组成纤维素纤维分子结构的微小螺旋管的内部取向引起的。因此，纸和丝带可以保存或记住一个弯曲的弧度。

在软皮革阶段的纸浆泥中，黏土和纸的记忆互为补充。记忆不仅记录在表面，还记录在纤维素纤维螺旋结构的内部网络中。正因为如此，与传统黏土相比，纸浆泥有时会让人感觉有点弹性。

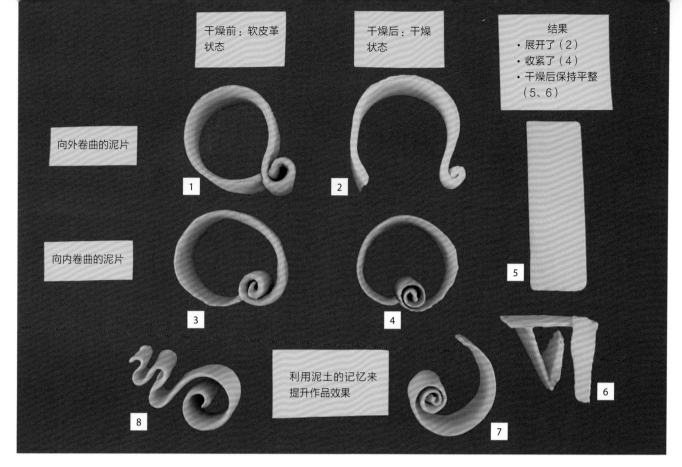

干燥前：软皮革状态　　干燥后：干燥状态

结果
· 展开了（2）
· 收紧了（4）
· 干燥后保持平整（5、6）

向外卷曲的泥片

1　2　5

向内卷曲的泥片

3　4　6

利用泥土的记忆来提升作品效果

8　7

控制纸浆泥的运动：一项研究

我做了一个实验来测试如何利用纸浆泥记忆来处理软皮革状态的泥板，以此来控制纸浆泥的弯曲、卷曲或平直的程度，使其干燥和燃烧达到预期的效果。软皮革阶段是调整泥板的卷曲程度的最佳阶段，从而影响干燥和烧制的结果。

上面的照片是实验结果。开始时，例1～4的泥片在卷曲前都与例5大小相同。我从一块软皮革状态的泥板上面切割了大小相等的缎带状泥片，然后把例1、2、3、4、7和8卷成非常紧的卷片。把例5平放在石膏表面上，使其不受干扰地进行干燥。当这些卷边还像皮革一样柔软的时候，把每条都再解开。只不过例1被解开之后又做了反向的卷曲后松开，干燥后就变成了例2。而例3卷曲后被解开并没有再做反向运动，它的变化就如图例4所展现的。每个卷片并没有用泥浆来做连接，所以卷片在干燥的过程中是运动的一个状态。在第一排，例1是软皮革状态下经历了二次正反向的卷曲，把紧的卷曲解开，然后再反向紧绕，例2是例1干燥后的状态。在第二排，例3是软皮革状态下经历的一次卷曲，并只把卷曲解开。例4是例3干燥后的状态。干燥的纸浆泥是休眠状态，很少能看到变化，但软皮革或者硬皮革状态的纸浆泥是相对"醒着"的。在例2中，缝口比例1中开始的位置宽了许多。在例4中，接缝不仅保持闭合，而且进一步收紧（我称之为贝壳效应）。尽管所有例子看起来在软皮革阶段是相似的，但在干燥后还是发生了不同的变化。

纸浆泥的记忆：卷起来的软皮革纸浆泥在干燥的时候像纸一样，会卷曲、合起或保持扁平。在潮湿阶段，早期所施压的方向很可能在高温燃烧的压力下继续。在干燥之前，把泥板线圈按想要的方向卷起来。根据它们所"记住"的早先处理的方向，有些可以被处理得非常放松，有些可以卷曲或收紧得更多。如果展开的软皮革泥条平整且干燥，就可以进行切割和连接。如果烧制的正确，就可以在烧制后保持平坦，否则它们就会变形，就像木头一样
摄影：盖尔·圣·路易斯（Gayle St Luise）

例7是一个紧密缠绕的卷曲形干燥后展开成螺旋状的泥板。例8是一个自由形式的丝带，具体形状任由发挥。

这个实验表明，那些希望接缝紧紧地咬住，无论干燥还是烧制过程中都不会打开的艺术家，可以通过提前对泥板进行精确控制再进行连接。通过一些练习，艺术家可以把软皮革状态的泥板分开或者使它们保持完全平坦。

收缩的效果

大多数纸浆泥从软到干的自然收缩极限在10%以下。了解了这一点可以避免在干燥的时候过于紧密地包裹或拉伸软皮革状态的纸浆泥。如果将软的泥板覆在干燥的结构上，那么可以先等软皮革状态的泥板变干燥再进行连接。把软硬程度不同的泥板黏在一起晾干其实并不可取。只要让褶皱自然晾干，然后再用泥浆将它们黏接，这样做更有效率，效果也更自然。耐心是有回报的，因为如果让软泥板自然风干，它就不太可能开裂。

在干燥的纸浆泥结构上覆盖一层软皮革泥片，然后撕下或修剪边缘，以防止软皮革泥片出现裂缝，避免包裹或折叠。干燥时，软板将收缩，并在纸浆泥结构上绷紧。干燥后，使用纸软皮革泥片将包裹物连接到表面。

将软皮革状态的薄泥板覆在干燥的纸浆泥结构上，然后按照喜好撕裂或修剪边缘，以防止压力所导致的软皮革状态下泥片的裂缝，避免缠绕或折叠。当它干燥时，软板会收缩和收紧。干燥后，用软皮革泥片将包裹物与下面干燥的纸浆泥结构连接起来
摄影：盖尔·圣·路易斯（Gayle St Luise）

悬垂泥片

　　软皮革状态的泥片不会如设想的形式一模一样地悬挂，除非放在下面的形状是实际的理想比例。软泥板的表面可以展现手掌和手指丰富的轮廓线。软皮革状态下可以印制复杂的纹理或浮雕，也可以翻转、转移，用于制作褶边。

　　一旦做好软皮革状态下的褶皱就不要再挪动它。让它们独自风干，可以让曲线更自然地垂下，等待所有干燥收缩完成。放置好等待它变干，再附上其他同样变干的部分。一旦了解了纸浆泥的软皮革状态和干燥状态下的特性，就不太可能会开裂。

左图：在桌子上轻拍泥片下面的模型，帮助它在模特的轮廓上"定型"，不要直接从上面用力按。软皮革的纸浆泥很容易留下指纹，所以尽量减少处理，只要泥板看起来合适就可以了。等到它变硬，或者更干燥，再处理

摄影：梅丽莎·格雷斯·米勒（Mellisa Grace Miller）

右图：用软皮革泥片做成的缎带放在平台上，在露天和阳光下几小时就能晒干。像这样大型的悬挂泥板在晾干后可以更好地拼接起来。图中是作者制作的过程

摄影：罗斯特·高尔特（Rosette Gault）

阿尼马·鲁斯（Anima Roos）
《生命线》，2010年
该系列的作品尺寸范围从40 cm×
40 cm×5 cm到40 cm×18 cm×
12 cm
摄影：阿尼马·鲁斯（Anima
Roos）

大尺寸切口形状

可以借用缝纫和裁剪的技巧来对纸浆泥片进行处理，比如褶皱、折叠、缝褶或暗褶。我经常用尖锐的类似陶艺针的工具在软皮革状态的纸浆泥片上裁剪出扁平的图案形状，或者在两个或多个剪切的形状之间做其他标记来匹配和校准。因为厚的纸浆泥片可以与薄的放在一块，我可能会在边缘再切一块2～5 cm的薄片卷或折叠起来，从而得到一个整洁的边界，它可以比切口本身厚2～3倍。当整个板或剪切的形状被折叠或形成三维形态时，较厚的边框可以为后期的组装、修剪或干燥阶段的更改提供结构支撑。

用嵌套、排列折叠、重叠、制出褶皱等方式处理大尺寸的软皮革泥板可以得到丝带、衣裙、长袍、袖子、袖口等形态，但都要等到这些悬挂的泥板干了，才可以修剪边缘，把各个部分拼接在一起。那些计划做大型项目且涉及纸浆泥板的陶艺师可以找到快速和稳定的实践想法，并把前面几章所学内容加入到这个阶段当中。

在软皮革阶段的印刷、上色和肌理制造

用纸浆泥进行创作的艺术家可以把纸浆泥当作织物或纸来进行处理，在切割、折叠、拉伸、悬挂之前，先在软皮革状态的泥板上印上纹理或上色，这样接缝和连接处可以看起来很自然。底层的表面纹理或者颜色可以从软皮革状态下开始设计，在之后的每个阶段都可以调整，直到最后完成，但那些使用传统方法的人可能要等到后期才能再做装饰。

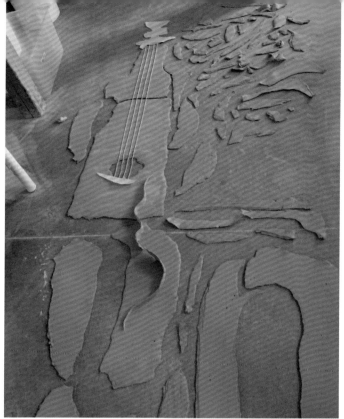

左图：在有碗支撑的泥板上画好设计稿。等到它完全干了，它将很容易被提起和修剪
摄影：盖尔·圣·路易斯（Gayle St Luise）

右图：平面纸浆泥拼贴，由作者本人提供。将新制作的大型软皮革状态下的泥片转移到干燥、有吸水性的表面。之后可以把它们往旁边移，否则就不要碰它们。当它们完全干燥时，可以被安全地制作和处理。如果干燥后呈扁平状，则很可能保持扁平
摄影：罗斯特·高尔特（Rosette Gault）

制造大且平的泥板

想要制作大型平板就必须正确处理搬运和干燥的顺序。本步骤的关键是在纸浆泥非常柔软的时候，把它们放在一个平坦的、多孔的或半多孔的表面上——如石膏或干水泥——使其牢固。在完全干燥之前，不要动它们。如果在薄的软皮革状态的纸浆泥上沿着一个方向做一条曲线或使其弯曲，它将"记住"这个运动趋势。软皮革状态的纸浆泥通常足够柔软，可以通过反向弯曲泥板来"撤销"记忆。

纸浆泥可以非常有效率地跳过揉泥的环节，在混合好纸泥浆之后就可以制作纸浆黏土泥板了。制作一块大的石膏板是用来创造一个均匀厚度的泥板的方法。通风状态下，大块的泥板在石膏上可以从下到上均匀地进行干燥。天气、空气湿度、循环情况、温度，以及石膏板的湿度情况，会影响整个过程所花费的时间。

把石膏板或者桌面上的泥板提起来的最佳时机是在柔软皮革阶段刚刚过的时候。如果提起得太早，它会被撕破并黏住。但当湿度合适时，就可以很容易被提起。让水分蒸发，直到纸黏土变成软皮革的状态。在这一点上，即使是大的薄片也足够坚固，可以用手将其整块举起来。

可以用橡胶刮片或者小铲子把泥板边缘与工作台面分离一小块，来测试泥板是否已经可以完全脱离工作桌面。如果可以脱离，就轻轻地把它提高，差不多2 cm左右，这样做的时候尽量减小弯曲度。在软皮革状态阶段前，泥板边缘通常太软，使得边缘会受到轻微干扰，但一旦它到了软皮革阶段，就得小心了。在石膏允许的情

况下，最好尽快把这块泥板从石膏板上整块地拿起来。

轻轻地举起新的软泥板，让下面有一层薄薄的空气，它摸起来可能更像一个非常厚的潮湿的毛巾。然后再把泥板平铺在石膏或有吸水性的表面，使其完全干燥。如果它是一个很大的泥板，干燥之后会收缩一点，就没必要盖住它。

第一个泥板做好之后，就可以开始制做表面肌理和上颜色了。当灵感来了，甚至可以在顶部加上新的泥浆。

如果需要，可以提前用锋利的工具刻出切口或边线。当泥板变干变平之后，就可以沿着这些线把泥板分开。直到干之前，不要处理或移动新的泥板。如果软皮革状态的泥板在不被打扰的情况下晾干，它通常就可以保持这种状态直到烧成。

将柔软的纸浆泥压入模具

压模时，使用最柔软的纸浆泥压入模具以获得完整的表面细节。硬一些的纸浆泥只会印出模具的基本轮廓，而不是表面细节。

在软的纸浆泥干燥后，用纸泥浆填充各种裂缝或者破裂的地方。用黏土填充任何接缝线，可以用刀片修整或雕刻。与注浆相比，印坯从大型模具中脱模所需的时间更短，而且壁会更均匀。纸浆泥印坯相比于传统黏土更容易从石膏模具中取出。在压完之后，经常会在边缘有一块凸出来的部分，轻轻拉一下就可以把它从模具中脱出来。可以在用完之后把这个部分剪掉。使用乳胶橡胶模具可以用纸浆泥压印或倒厚的泥浆（或湿黏土）在里面。如果是在一个有底边的橡胶模具中印坯，可以让压印好的纸浆泥在橡胶模具中干燥，这样当剥掉模具时不易变形。

大多数用于混合材料雕塑脱模的脱模剂都能用于纸浆泥的脱模上。在碗状模具上涂一层薄的纸浆黏土可以防止软皮革状态的盘条或泥板材粘在玻璃或无孔的表面。把软的纸浆泥压在铸型树脂、乙烯基、聚氨酯、玻璃纤维或塑料上以获得压印肌理。等到黏土变硬，就会自然脱落。之后，一个干的纸浆黏土可以自己压印，也可以充当模具，干燥的纸浆泥足够坚硬，可以作为石膏压制模具的替代品。

从一个单一的压模开始，艺术家可以选定一个艺术主题进行创新。

帕梅拉·伯德（Pamela Bird）使用软乳胶模具快速复制复杂的浅浮雕雕刻。第一种方法是在软皮革状态下的泥板上滚动或压印纹理。压印的纸浆泥可以折叠或卷成形状，也可以作为平面瓷砖的替代品。另一种方法是让厚纸浆泥在有切口的乳胶模具中完全干燥，因为干燥的纸浆泥足够坚固，可以将乳胶模具剥离。以下是在制作中的作品
摄影：安娜·奥克登（Anna Oakden）

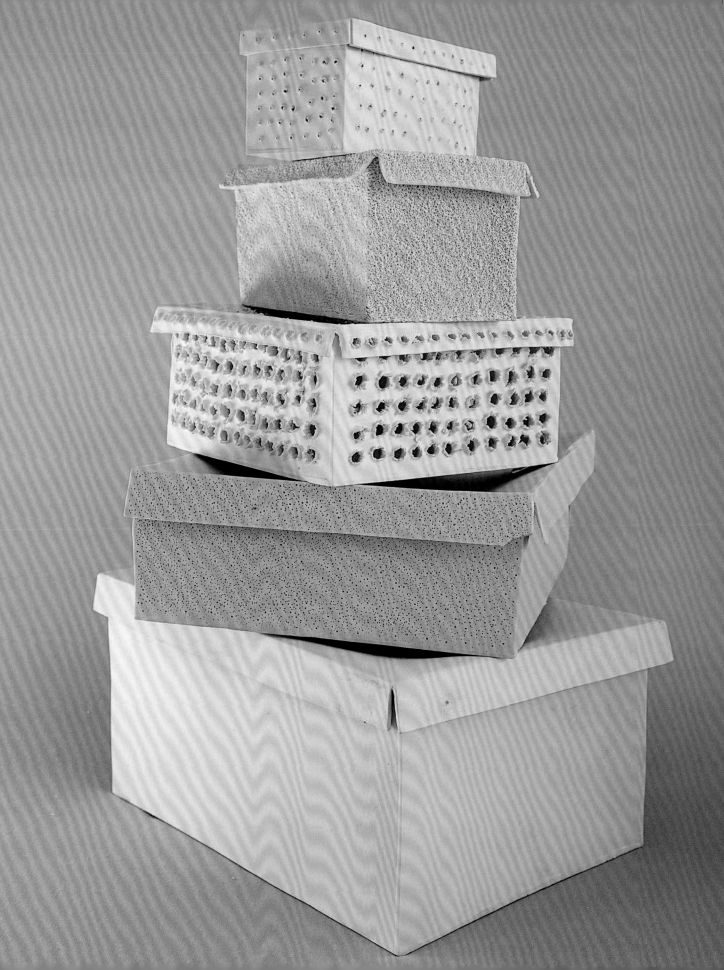

第五章

干燥阶段

在已干燥阶段，开裂或变形的风险期已经过去，纸浆泥是稳定的。作品摸起来不会潮湿或冰凉。判断是否已经到这个阶段还有一个视觉线索，即大多数纸浆泥变硬之后它的颜色会变浅。在从干到湿的转变过程中，根据配方的不同，基础黏土会收缩2%～10%，而纸浆泥的收缩幅度仅比基础黏土小1%。干燥的纸浆泥的抗拉强度和硬度几乎是传统黏土的两倍。干燥的纸浆泥不防水，但可以保存数年。和传统黏土一样，最好在完全干燥的时候烧制纸浆泥。

由于干湿的纸浆泥很容易结合，可以用湿的纸浆泥对干燥的部分进行随意组装、切割、连接、雕刻、修改。那些喜欢非线性工作方法的人可以在这个阶段继续创作。而这种把干湿纸浆泥结合起来的方式是不可能在传统黏土中实现的。

这是清理和修整的好时机。想要一种坚硬得像岩石一样的、不会在水里融化的陶瓷成品的艺术家会在表面施釉并烧制完成。

对纸浆泥也可以使用传统黏土的制作方法，但是这需要艺术家花大量的时间来适应纸浆泥在干燥阶段的更高强度，而这会导致修复机会增加。如果想以传统方式进行工作，可以把干燥的纸浆泥看作是传统黏土，先放在窑里素烧一次再上釉，然后进行第二次烧制。可以根据个人需要做一些新探索。

关于干燥后再润湿

干燥的纸浆泥可以根据个人喜好反复经历干燥和润湿的过程，直到达到要求或者能够烧制。重新润湿干燥的部分可以为连接、增加、修补、雕刻，以及修改轮廓、纹理或颜色做准备。用湿海绵、刷子或喷雾将干燥的部分浸泡在水或纸泥浆中，或用湿抹布、毛巾在该部分"包扎"一会儿以增加水分。如果有必要，薄而干燥的部分可以使其软化到足以弯曲或移动的状态。

水分会从干燥的纸浆泥表面迅速蒸发。正在制作的部分或者边缘部分常是有水分的，而偏下的部分则一般会保持干燥和坚硬。

在经过几次尝试之后，就能够发现纸浆泥达到最佳的潮湿度的所需时间。还要注意的是，如果一直重复湿润纸浆泥，纸浆泥最终会被水浸湿。这需要多长时间取决于壁厚：薄一点的壁可以在5分钟内开始软化，而厚壁需要半小时或更长的时间。如果小区域的部分比预计的更软，补救方法很简单：使它们再次变干。也要注意，干燥的纸浆泥被淹没在水中时会迅速开始软化。

上页图：艾纳特·科恩（Einat Cohen）
《盒子》，2006年
纸浆泥调配的瓷泥，作品高度：90 cm
摄影：艾纳特·科恩（Einat Cohen）

玛丽亚·奥丽莎（Maria Oriza）
《多斯希托》，2010年
含铁钴和锰氧化物的纸浆土调配的
炻器，作品尺寸：54 cm×10 cm×
77 cm；59 cm×10 cm×81 cm
摄影：玛丽亚·奥丽莎（Maria
Oriza）

在坚硬干燥的部件上可以组装、按压或装饰新增加的软纸浆泥层。如果再湿润已干燥部分一段时间，下面的部分也可能会在薄的或无支撑的区域开始软化。当这种情况发生时，请停止。稍后当结构恢复到高抗拉强度的干燥状态时再继续工作。

由于吸收性好，哑光、干燥的纸浆泥表面容易接受涂多层湿润纸泥浆，以及用化妆土、釉来做装饰，形成各种纹理和饰面。一次性上釉最适用于干燥的纸浆泥，它具有较高的干燥度、吸水度和预烧强度。

快速干燥的好处

潮湿的纸浆泥可以在温暖的窑炉、风扇、加热器或直射的阳光下进行干燥。它改变了以往制作陶艺的规律性工作。只要纸浆泥的温度保持在水的沸点以下，大型作品可以在开着门的情况下在窑内强制烘干几小时。

左图：罗宾·贝克尔（Robyn Becker）
一系列陶瓷人物，2010年
切出的薄的形状平铺晾干。在接缝处用黏土片固定两侧
作品最高形体高：12.7 cm
摄影：罗宾·贝克尔（Robyn Becker）

右上图：干燥器皿的边缘和轮廓可以用湿海绵软化。如果薄片开始变软，让它们再次晾干
摄影：盖尔·圣·路易斯（Gayle St Luise）

右下图：为了给已干燥的碗做一个新边，在干边的外面放一个半湿的泥条。当线圈干燥时，使用一层厚纸浆泥浆快速和干燥部分牢固的黏合。新的、干燥的线圈边缘不会变形或得到指纹
摄影：盖尔·圣·路易斯（Gayle St Luise）

在工作间隙，让正在创作的作品不被覆盖地晾干。任何在创作期间新增加的湿润纸浆泥引入的新水分层都不太可能穿透已干燥的纸浆泥。可以在工作间隙晾干纸浆泥，这个过程不仅会节省时间，而且有实际的帮助。当纸浆泥在干湿阶段交替时，其形状会慢慢地收缩和膨胀。在烧制前能够经受住这种温和的膨胀和收缩的连接部位，在窑中也会表现良好。快速干燥过程使潜在的薄弱环节明显：裂缝将显示在特定的区域，在点火前需要进行修理或特殊加固。对于制作精良的纸浆泥配方，裂缝往往不是问题。

当完成了对干燥的纸浆泥的调整，作品将足够干燥，可以在几小时内或几天内被烧制。

有了这种快速干燥的新方法，毫无疑问，作品内部厚的部分可以快速地干到可以烧制的程度。用传统方式制作陶艺的艺术家们宁愿用布包裹住纸浆泥，保持其湿润直到所有的装配和调整过程完成。等待几周或者几个月使其内部的结构完全干燥，甚至是在户外工作的情况下。在几个月内作品都需要被覆盖住会使其干燥缓慢。对于用这种方法创作的作品，如果壁厚均匀，露天操作或快速干燥会更成功。如果一个缓慢干燥的作品有许多厚或薄接头，需要谨慎处理，因为它有干燥不均匀或翘曲的风险。在纸浆泥中，应力裂缝总是可以随后修复的。那些使用稳定干燥部件和在快速干燥后使用新装配方法的人则不需要担心这一点。

保罗·查勒夫（Paul Chaleff）
将干燥的纸浆泥板用吊车运到窑里。
工作进行中
摄影：保罗·查勒夫（Paul Chaleff）

关于拼接

虽然可以像传统方法一样，在两个硬皮革状态的纸浆泥部分之间进行安全地连接，但是这种黏合需要更多的时间来干燥和凝固，部分原因是在两个硬皮革状态的部分之间没有水分差异。许多艺术家发现"干—干"或"干—湿"接头会凝结得更快。纸浆泥中的湿纤维素纤维与干燥的纸浆泥接触后迅速变硬，这会导致各部分之间"抓"得更紧密。

在干燥的纸浆泥之间做一个连接件用来承重。做连接件的规则与在传统陶瓷的硬皮革状态下做拼接是相同的。用水和纸泥浆把要黏在一起的边弄湿，在接触的地方划伤纹理，把湿的、黏的一端压在一起。泥浆的水分会在几分钟内渗入干燥的部分，使各部分保持在一起。拼接部分将继续凝固，直到完全干燥。

当连接处有装饰性而不具备承重能力时，在干燥的纸浆泥上黏上干燥或潮湿的部分，不要有刻痕，用纸泥浆轻拍即可。纸泥浆很快会变硬，轻拍后可以用海绵或锯条刀修剪多余部分。纸泥浆涂层可以填补干燥的盘条之间的空隙或交织的纸浆黏土条的间隙进行填缝，所以在它们之间制作刻痕是可能的。

大多数完全干燥部分之间的连接将会比那些硬皮革状态下的连接更加坚固。确实，新鲜潮湿的部分与完全干燥的部分的连接会随着组装好的变干之后变得更紧密，每一个从湿到干的添加过程都将加固这个连接的部分。

保罗·查勒夫（Paul Chaleff）
干燥的泥板在施工时可见的强度。在烧制前可以观察干燥的纸浆土接点，必要时可以进行加固。工作进行中
摄影：保罗·查勒夫（Paul Chaleff）

由于极端的湿度差异，水分已经在离接触点相当远的地方被这些干燥的支架吸收了。因为这种效果，在干燥的纸浆泥上用一些湿泥浆等待一段时间。这个过程很容易看出来，因为湿黏土的颜色比干黏土的颜色深。作者正在利用纸泥浆调配的瓷泥进行创作
摄影：罗斯特·高尔特（Rosette Gault）

这一套干燥弯曲的陶瓷是挤压制成的，在其干燥的时候组装。在右边的图片中，三个干燥弯曲的陶瓷已经连接。接缝已被抚平，并用湿海绵擦拭。重新湿润的区域将在工作期间干燥。作者和科林梅特勒正在进行合作
摄影：罗斯特·高尔特（Rosette Gault）

适合用干燥的纸浆泥进行连接的类型

根据项目的大小、规模及艺术家的想象力，可用干燥的纸浆泥制作从简单到复杂的各种连接。艺术家可以使用新的方式将整合各种干湿状态的纸浆泥。

最简单的连接方式是在干燥的部分上加一个湿的延伸。比如当需要添加一个刚用模具制作好的叶子到"藤"或者干燥的盘条、卷管的末端时，首先需要重新润湿藤上将要连接的区域并添加纸泥浆，将该区域弄粗糙，然后在那里压柔软的纸浆泥叶子。可以在干藤上勾勒出新叶子的轮廓和模型。另一种形式的"湿—干"连接是在干燥的部分加厚轮廓或增加部件，将干燥的部分重新弄湿，在该区域划痕并涂抹一些纸泥浆。经过按压、塑造和轮廓软化的纸浆泥表面作为连接的一部分。

在"干—干"连接中，两边连接的区域需要用纸泥浆重新湿润，通常可以将一些柔软的纸浆泥添加到接缝中。一些艺术家喜欢用热风枪强制烘干新接头的潮湿区域，但这往往只能吹干厚接头的外层。一块非常厚的连接区域很难从内到外完全干燥，内部干燥必须要一定时间才行。这可能需要几小时或一夜，具体时长取决于气候。

对于非常大的部件，如果需要在短时间内完成复杂的连接，我发明了一种方法，通过在接缝处按一定的间隔放置柔软且新鲜的纸浆泥球，将大的、干燥的部分黏在一起，这些纸浆泥球在接缝处充当着一种柔软的连接，也可以将其称为软连接或缓冲器。这些纸浆泥球让操作者能够精确地排列和调整两边干燥的部分。

很快，这些球就会变干变硬。这时两边组装的部分也差不多干了。

如果想做调整，撬开连接的部分来替换一两个球比拉开整个缝线更简单。等中

准备一个连接件，重新湿润干燥区域，并在区域中使用纸泥浆。如果连接部分是承重的，那么在两个表面上刻出纹理。我经常在两部分之间放一个软纸团，然后轻轻按压，把硬的和干的部分调整到理想的角度。潮湿的部分几小时后就会变干
摄影：盖尔·圣·路易斯（Gayle St Luise）

对于负重连接，在连接点上重新润湿、划痕并在两端添加纸泥浆。牢固地按下柔软的新手柄。如果需要，用湿海绵修剪多余的纸泥浆。如果要测试接缝，则要等到所有部分都干透
摄影：盖尔·圣·路易斯（Gayle St Luise）

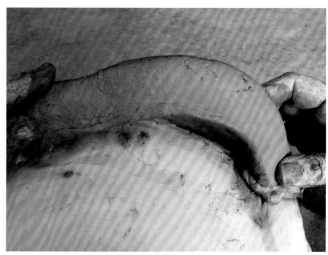

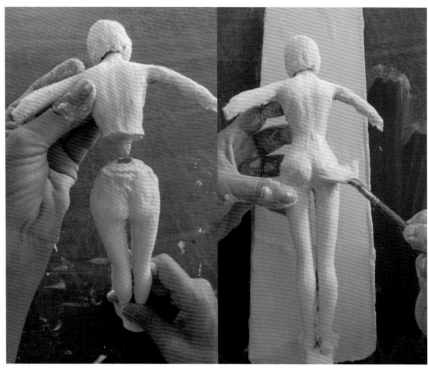

左图：阶段连接大且干的作品。首先在干燥作品上的腰、颈部、底部等处沾上软的泥块。先刻痕，再加泥浆，然后按在一起
摄影：罗兰多·乔瓦尼尼
（Rolando Giovannini）

右图：采用常用于木工中的各种连接方法来修复脆弱的承重部分如柱子和过梁或斜角和斜接。像这样的高级连接最好分阶段完成。在一边建立一个新的"柱子"，让它晾干。同时，在另一边为这个柱子开一个宽松的安装孔。当两部分都干燥后，用泥浆快速而整齐地把它们黏在一起。工作进行中
摄影：盖尔·圣·路易斯（Gayle St Luise）

心连接组装的部分完全干燥、安全稳定后，可以用新鲜柔软的纸浆泥填充并硬化黏土连接之间的缝隙。我把这个称之为"点连接"方法。非常大的干燥部件可以通过这个方法安全地组装到干燥的纸浆泥骨架或者类似结构上。

维修和加固

检查所有干燥的成品部分，特别是需要承重的连接处，看是否有变薄弱的迹象，如出现裂缝、变松散或变薄。在这一阶段，修复或加固是很有必要的，因为烧制的时候将暴露出之前没有被注意到的缺陷。混合适当及连接纸浆泥的方式也合适的话，在它们干燥时很少需要修补或额外的护理，但由于错误的信息、经验不足或其他无法立即控制的因素，不是每个人一开始使用纸浆泥就会成功。

为了进行修复，使用非线性方法的纸浆泥艺术家通常要修复或者加强一些薄且脆弱的地方，直到薄的部分都变得干燥，从而达到最大的拉伸强度和最高的稳定性。在传统陶瓷的干燥阶段不可能进行这样的修复或加固。

除非已积累了一些使用纸浆泥的经验，否则在烧制之前最好做一些测试。测试方法是，在连接处干燥时轻轻施压，看它是否牢固。如果断裂了，在接缝处添加更多的纸浆泥，让它干燥（通常初学者在施加水分时过于谨慎，并且在最初的时候没有使用足够的纸浆泥）。评估一下重新制作连接处反而较快，这取决于你的纸浆泥混合的类型，以及连接处的位置和功能。

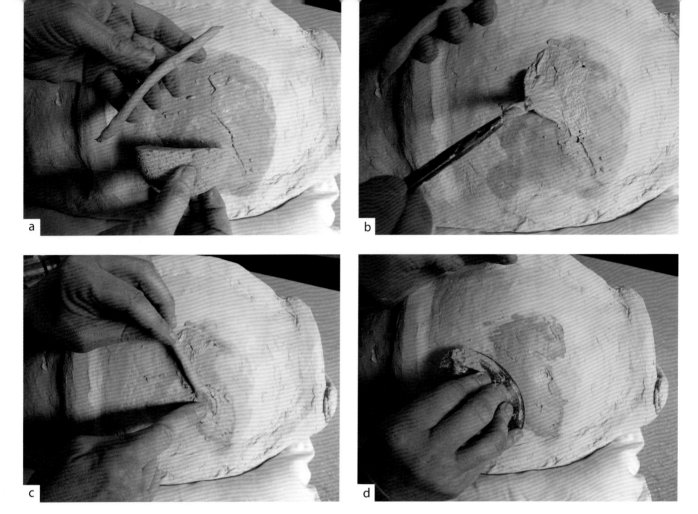

a）用湿海绵或刷子将裂缝周围的大面积重新弄湿。准备一些软的纸浆泥来修补

b）在裂缝内和周围涂上纸泥浆

c）将软的纸浆泥压入裂缝。如果需要，重新湿润干燥的区域

d）最后用刮片轻轻抚平修补处，并用湿海绵擦拭。等到全部干透后再修补。如果纸浆泥和补丁混合不均匀，裂缝之处可能需要另一个补丁

摄影：盖尔·圣·路易斯（Gayle St Luise）

　　另一种测试新的修补或补丁的方式是快速干燥或露天干燥。每做一个安全的、干燥的连接，就会知道还需要多少水分、纸泥浆，以及软的纸浆泥。

　　可以先素烧来二次检查是否有裂缝或弱点，有时这些会在素烧后出现。在素烧阶段可以修复裂缝或是干燥纸浆泥的断裂部分，而这些也需要练习修复。刮表面使其变得粗糙来进行连接可以创造更多的接触面给纸泥浆渗入。如果这个方法不可行，替换的方法是在裂缝处修正毛边或者刻一个更宽的线条，用纸浆泥或泥浆填充这个开口（或用软的纸浆泥覆盖轮廓）并让其收缩到位。

　　传统陶瓷中也有一些"非处方"黏合剂，比如强力胶和环氧树脂，它们可以和纸浆泥也能很好地结合在一起。

修整边缘和表面

　　为了软化尖锐或粗糙的干燥边缘的轮廓，可以擦拭、轻拍、用湿海绵沿着顶部的边缘擦拭。如果用湿海绵擦拭干燥的纸浆泥表面太用力或太长时间，黏土颗粒可能会被洗掉，一小块的纤维屑会开始脱落。当表面干燥时，这些可以被刷掉。

将一个折叠的软皮革状态的泥片放在一个薄的、干燥的茶壶身上，把它们连接起来。把干燥的壶身边沿用泥浆湿润，刻出表面纹理，然后把它们压在一起
摄影：盖尔·圣·路易斯（Gayle St Luise）

当作品已经干到不能用海绵来修补时，先用柔软的不锈钢刮片或锋利的刀片轻轻刮过粗糙的边缘、凹痕或压痕。一些不规则的边缘可能需要用修整刀或木锉刀稍加调整。如果必须使用陶器用的刮刀，尽可能保持边缘锋利。因为陶器修剪工具更适合软黏土而不是硬黏土。

为了在瓷砖或面板的干燥边缘上得到一条清爽的直线，可以使用桌子的边缘作为参考，用金属刮片、刀片或木锉刀多次刮出一条线。锉刀在干燥、较大的瓷器和不湿的纸浆泥上很好用，但需要以温柔的手法进行操作。

如果需要用砂纸打磨而不是刮擦作品的表面，一个给厨房锅子用的刷子或者陶瓷网将比砂纸更耐用，这些工具可以定期清洗和重复使用。为了给过于光滑的表面增加质感，可以用锯齿状的刮片或针形工具刮开表面，就像它是湿的一样。

因为打磨或刮擦纸浆泥会产生灰尘，所以要定期用湿海绵擦拭作品边缘和工作区域。我在工作区域下面放了一条潮湿的毛巾，以便在纸浆泥灰尘掉到地板上之前把它黏住，它们也很容易用清水冲洗。

如果预计干燥雕刻或修护过程将会很长，请戴上呼吸面罩和护眼装置。可以用抛光的方法把干燥的纸浆泥擦亮。

与其他干燥部件紧密贴合的部分的修整工作
需要紧密贴合的截面和部件可以在干燥时相互精确匹配和测量。干燥部分的比例、设计原型和模型可以经常修改和更新，不需要重做之前所有的部分。

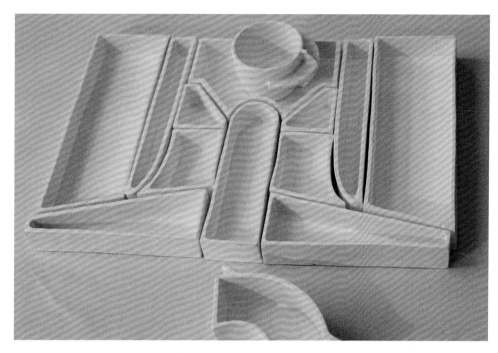

玛丽安·索森（Mariane Thorsen）的学生
1996年
嵌套托盘的设计。在干燥阶段，部件之间的配合可以根据需要经常进行测试，因为部件足够坚固，可以进行处理。干燥模型的部分可以改变、移除和更换，直到满意，工作进行中
摄影：玛丽安·索森（Mariane Thorsen）

修整内部和背面

干燥的纸浆泥足够坚固，可以翻转并且从背面制作，所以内部修整后看起来能和外部一样漂亮。

为了露出纸浆泥的背面，把干的作品正面朝下放在一层柔软的衬垫上，如旧毯子、枕头、泡沫橡胶、泡沫包或毛巾。填充缝隙、加固薄的区域、平滑和覆盖背面粗糙的连接。用新制作的泥条或条状的软皮革泥片黏合，然后可以在作品烧制后在上面制作桥梁或挂钩，或者可以制作一个开口用于悬挂，来匹配硬件，稍后再黏上。

当一切都干了，在烧制之前先测试这些接口的承重力。用手轻轻地拉。如果它们是稳定的，把作品在墙上挂一会儿，如果它可能会掉下来，确保能接住它。把挂钉子的地方做一个标记，然后在那个地方做一个小涡。也可以在两个点之间做标记，在这两个点搭上一些环或钩子来穿线（或者只是在标记的区域打上标记，以便在烧制后使用强力胶水固定）。

在开口中留出足够的摆动空间以便安装螺栓、螺钉来悬挂作品。可能需要在烧制前留出空间给胶水或黏合剂。在烧制过程中，孔的直径会缩小一点。悬挂孔的直径应该比实际需要的宽10%～25%，在钉子周围留出空间涂一层硅胶、蜡油或腻子。

切开干燥的纸浆泥用来制作

除了修整和整理的方法外，艺术家们还将干纸浆泥切割看作制作过程的一部分。许多切割纸板、石膏板、木材、金属和玻璃的方法和工具都适用于纸浆泥。

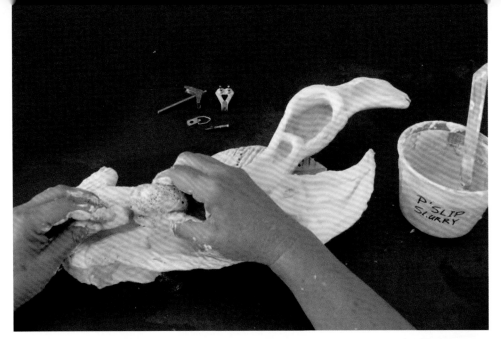

给火烈鸟加上可以悬挂的物件。在后面做一个安装部件的地方。我在它的颈部和头上放了拱形的线圈当钩子，在它的喙上放了小黏土钩子，从后面或下面加强脆弱区域，用泥浆把所有的接缝处抹平，最后用湿海绵擦拭

摄影：盖尔·圣·路易斯（Gayle St Luise）

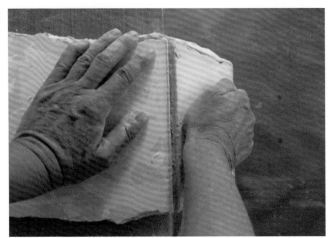

平板或面板可以用锋利的刀片刻上痕迹，然后像玻璃或石膏板一样折断。在这里，桌子的边缘用来稳定尺子和干燥的纸浆泥板。在表面上画一条浅线。用桌子作为杠杆，一边被推下打开，板是沿着线一分为二的

摄影：盖尔·圣·路易斯（Gayle St Luise）

例如，想要在一大块干燥的纸浆泥上切割一条线时，用针或锋利的刀片在想要切开的地方划出一条直线。将平板的一半放在桌子上，切割线靠近桌子的边缘。轻轻地、慢慢地对悬于桌子外部的部分施加压力，直到干燥的纸浆泥沿着这条线分开。或者可以把划好的分界线与桌子边缘对齐，然后在标出的直线上快速敲击，就像在玻璃上划一条线"啪"一声分开一样。

沿着曲线折叠和将纸浆泥一分为二是需要多多练习的。可以沿着画出来的曲线分段，每次折断一点点，开始的时候要慢一点，也可以使用线锯。如果追求技术，可以采用彩色玻璃或马赛克中切割曲线的方法。

如果提前知道切割线将在哪里，可以预先用尖棍或针在软皮革状态的泥板表面刻下深深的引导线，确保不要完全穿进去，留5%～10%的厚度不要切割，以防止边缘卷曲或翘曲，直到整个坯板干燥。如果被划开的板干燥完好和平坦。干燥后，用湿海绵或雕刻刀将锋利的边缘软化。

锯纸浆泥

在某些方面，用干纸浆泥就像用某种软木材一样。它是有吸收力的。它足够坚固，可以被切割、雕刻或凿。各种尺寸和类型的电动或手动工具，包括锯、钻头、刨槽机、线锯和激光都可以切割硬质皮革状态的纸浆泥板、干燥的或烧制的纸浆泥。为了减少锯片的磨损，在软皮革状态的纸浆泥上划线是有帮助的。由于湿的或硬质皮革状态下的纸浆泥比干的软，一些电动工具的切割可能更适用于这个阶段，但会有黏土移动或变形的风险。有太多的方式可以快速制作出硬性的成品，但剪切和组装干燥的纸浆泥往往更稳定和可预测。

雕刻干燥的纸浆泥

除了使用修整工具、刮片和刀片进行修整和精加工之外，如果需要，还可以在干燥的纸浆泥上进行雕刻和凿刻。不像石头，如果雕刻得过深，添加更多的软纸浆泥进行补救再制作还是很容易的。许多艺术家喜欢用湿抹布覆盖部分区域并等待一段时间，从而轻松地软化这块区域。在同一件作品的软或硬表面上来回雕刻，以获得两种方法的最佳效果。作品下面干燥的纸浆泥必须足够干燥以支持软纸浆泥添加在上面。

厚的、干燥的部分或大块的纸浆泥需要像撬棍、锤子和凿子这样的切割工具来处理，有些甚至需要电锯。只有在学习了适当的安全步骤之后，才能使用电动工具，如钻头和锯子。注意保护眼睛和呼吸系统。用木槌和锋利的凿子在一块又厚又干的纸浆泥上使劲敲击是不会把它击碎的。

当作品烧制之后，会配制一些纸浆泥的基本配方，使其硬化到石材或大理石（如瓷器和石器品种）的密度和硬度。花大量时间整合和改进的艺术家将找到许多方法去适应为轻质、坚硬和耐用的纸浆泥进行的切割实践。

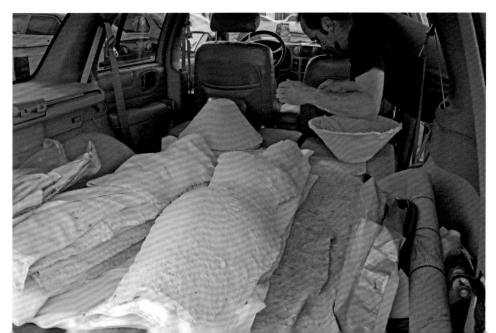

干燥的纸浆泥在运输中是稳定的。在这里，两堆薄且干燥的纸浆泥制瓷的部件正在从一个工作室到另一个工作室进行组装
摄影：罗斯特·高尔特（Rosette Gault）、奥德瓦克·克莱（Aardvark Clay），罗伯特·墨菲（Robert Murphy）协助

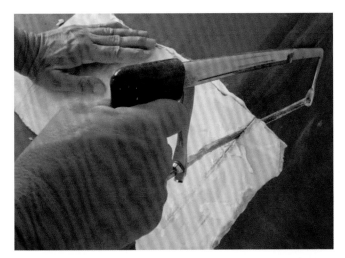

左上图：干燥或硬质皮革状态的纸浆泥可以用电动工具、打磨工具、钻头和激光切割机加工
摄影：盖尔·圣·路易斯（Gayle st Luise）

右上图：作为一种雕刻材料，纸浆泥比木头、石头或石膏有更多优势。如果削掉太多或改变了对外形的设计，可以用干湿法重新制作作品
摄影：盖尔·圣·路易斯（Gayle St Luise）

下图：充分利用干燥纸浆泥的强度。用柔软的黏土团和泥浆把形状黏好。干燥的纸浆泥部件可以快速地撤消或移动。在负重连接干燥后，可以添加加固层来增厚薄弱的部分
摄影：罗斯特·高尔特（Rosette Gault）

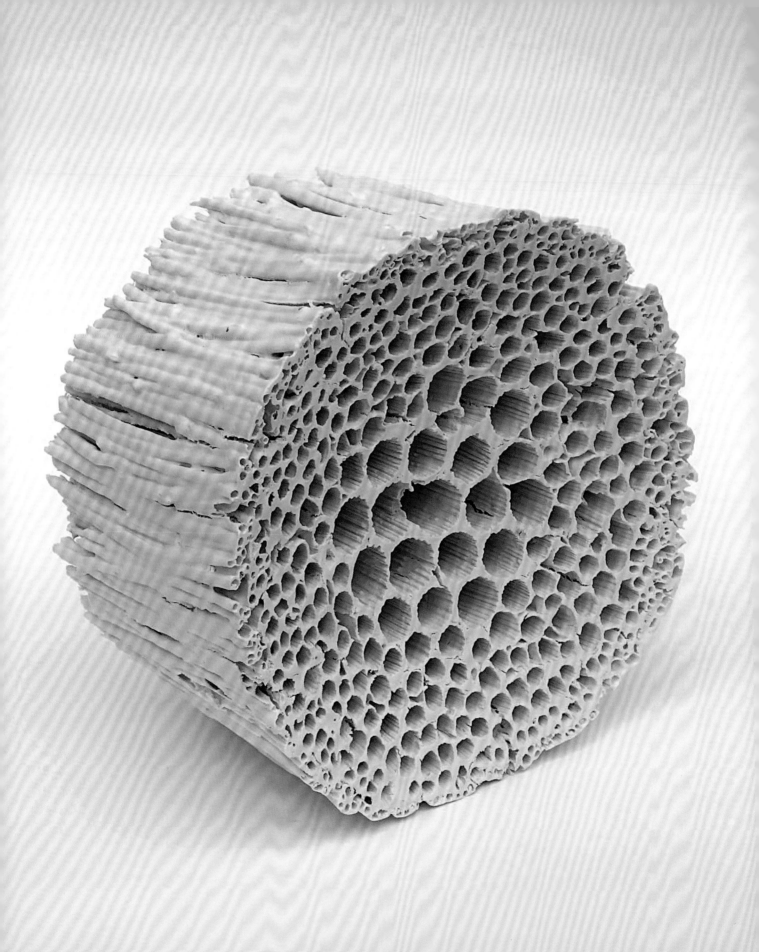

混合的方法

第六章

新型纸浆泥方法的自由度

事实上，当使用纸浆泥时，大多数步骤都是可以被恢复的，大部分裂缝或意外都可以很容易地修复，这意味着我们可以通过一系列个性化的决定来完成最终的艺术作品。这可能涉及多方面，减少或增加"湿—干"组装方式来获得独特的表面效果和形式。

如果高自由度使你感到不知所措，那就从简单的小步骤开始，享受发现过程的每一刻。建议初学者练习经典的手捏成型或者泥条盘筑的方法来感受潮湿和干燥状态下的纸浆泥，并且直接体验随着水分蒸发材料发生的变化。就像了解一个新朋友，你对纸浆泥的信任会随着经验的积累而增长。

用纸浆泥进行创作的主要原则和新的想法：

1. 纸浆泥的状态在制作过程中是变化的。纸浆泥在制作过程中有时会同时具有弯曲和卷曲、硬和软、稳定和惰性、收缩和膨胀、吸水和耐水、强和弱的特点。许多组合都是有可能的。

上页图：特蕾莎·勒布朗（Thérèse LeBrun）《结构31》，2009年
纸浆泥制瓷，作品尺寸：17 cm × 25 cm
摄影：保罗·格鲁索夫（Paul Gruszow）

右图：在干燥的纸浆泥框架上用软皮革状态的纸浆泥片进行搭建，根据需要添加或减去干燥或潮湿的部分。在工作间隙等待纸浆泥框架完全干燥。干燥的框架比硬质皮革状态的框架支撑性能更好，它也是非常稳定的
摄影：玛琳·佩德森（Malene Pedersen）

73

2011年，埃尔兹比塔·格罗塞奥娃
（Elzbieta Grosseova）使用了多层
的软质皮革状态的纸浆泥片与干燥
的陶瓷材料和釉料滚在一块，这些
材料会在烧制过程中融合
摄影：埃尔兹比塔·格罗塞奥娃
（Elzbieta Grosseova）

2. 通过快速干燥或露天干燥可以加强测试和预览新制作的纸浆泥结构的完整性。如果及时发现裂缝，则可能是有用的信息：如真实的收缩比例等，可以将这些宝贵经验投入实际使用。新制作的纸浆泥通常比"陈年"的好用。

3. 在烧制前，通风和湿度良好的环境是一个优势因素，它可以保障纸浆泥在制作过程中的精确把握并掌握细节，特别是在一个复杂的项目中。

4. 干燥后的纸浆泥作品并不是只能进入待烧状态。在干燥阶段，纸浆泥达到其最大可能的强度、稳定性和吸水率，它也可以回到之前的状态。这提供了一种不同于传统陶艺的制作方式。

5. 艺术家可以精确地控制黏土在潮湿和燃烧状态下的运动。水分湿度的减少是可以预测的。

合成方法示例

组装的顺序和执行方法的时间也各不相同。该过程可以简单到使用一个单一的干燥周期或扩展到多个实例的"湿—干"工作。这里有一个简单的例子，说明非线性的"回归干燥"制作过程可能会如何进行。我有一套干的纸浆泥印章。我用它们在纸浆泥板上印上图案，然后用这个印章刻出一个三角形且有纹理的泥板，并使边缘平滑。在半空中把它折成拱形变成帐篷，然后让它晾干。接下来，我用柔软的泥条在干燥的帐篷边缘加一些流苏，让它们晾干。

如果想要创作一双袜子，可以把已经制作好的干燥纸浆泥腿部的尖端浸在纸泥浆里，然后让它们晾干。也许第二天我不喜欢袜子。靴子的话会更好吗？于是我又制作了几双合适的靴子。在与它们连接之前，要让它们晾干吗？都可以进行尝试。有很多方法可以达到预期的结果。

当代纸浆泥艺术家的创作灵感还可以来自陶瓷以外的其他材料。下面是一些结合了其他材料和纸浆泥进行实践的例子。

采用拼贴和造纸的方法

从纸上剪切和粘贴图案的做法都适用于纸浆泥。先在纸浆泥板上画一幅平面的、干燥的、可以剪下来的或撕下来的拼贴画，在轮廓线上有层次添加柔软的纸浆泥。当这些部分变干，将其转换为基底浮雕。待这些部分干燥后，在组装它们之前先雕刻和修剪他们。你可以在这个阶段开始处理表面的抛光。之后，这些干燥的拼贴部分将足够坚固，可以被处理并整合成一个大的部件使用"干—干"或"湿—干"连接。

采用纺织艺术和版画制作的方法

纸浆泥的一些实践来源于时装设计、女帽、缝纫、编织和其他纤维艺术，包括折叠、打褶、扎针、拉伸、悬垂、制作褶边和使用图案及模板。为了使接缝之间紧密连接，艺术家可能会利用"受控变形"方法。色彩和表面纹理的版画印刷方法也可以纳入到制作和组装过程中。这些可以与注浆成型和模具制造相结合。

在悬垂和包裹折叠的、精致的或花边状的部分时，有时最好等到一部分干了以后，再用软黏土球将两个结实、干燥、精致的部分连接起来（点泥法）。在干燥阶段，尝试修补、雕刻和修改也比较好。

盖尔·圣·路易斯（Gayle St Luise）软泥板可以在坚实的拱起状模具上绷得很紧并裁剪成适合的形状。坯板边缘的多余部分可以像织物的下摆一样卷起来，在缝线上加固，而不需要添加泥条。在一个像这样拱起状的模具中，一定要在完全干燥之前将作品从模具中拉出来，这样它就不会收缩和黏在一起。将硬皮革状态的纸浆泥板"接缝"边缘放在干净、平整的表面上来完成硬化和干燥的过程，尽量减少变形的机会，工作进行中
摄影：盖尔·圣·路易斯（Gayle St Luise）

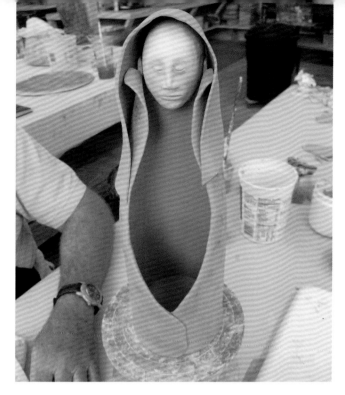

拉里·斯温（Larry Thwing）
零件可以多次组装和拆卸，直到合适的部分如所期望的那样干燥。在早先制作和雕刻的"头"的周围用硬皮革状态或软皮革状态的泥板垂挂下来。在这种情况下，在软皮革状态的有弧度的泥板中间留一定的空间以达到收缩包裹的效果。最好等到新的垂挂的泥板干了再把它和其他干燥的部分连接起来，工作进行中
摄影：罗斯特·高尔特（Rosette Gault）

阿德里安·米勒（Adrien Miller）
在一个大型的素烧作品的一面垂挂软皮革状态的泥板以形成大概的轮廓。他勾勒出软皮革状态泥板的边缘，这样干了之后就能轻易地脱出来，不会有切口。当软泥板坯干燥后，可用作压模。干燥的纸浆泥压模在项目完成时是可以代替石膏的
摄影：罗斯特·高尔特（Rosette Gault）

采用制模、铸造和压印的方法

使用柔软的纸浆泥可以拓印纹理或轮廓。当它们足够坚硬时，可以用来制作印章，干燥的纸浆泥也可以用来制作印章。更重要的是，干燥的未烧过的纸浆泥非常坚固，吸水能力强，可以用来制作模具，当制作完成后可以循环使用。纸浆泥也能很好地从石膏、橡胶或砂铸的模具中取出来，泥浆做的纸浆泥非常坚固，能够用来雕刻。

为陶瓷设计和原型设计采用新技术

表面印刷转移、蚀刻、压印、CAD/CAM建模、快速原型、注射模具、铣削和激光切割等技术可以适用于纸浆泥，将前沿的美学概念、实际科学技术手段与艺术实践相结合。

近年来，艺术家们一直在研究将3D电脑模型设计快速转换成陶瓷、石膏或其他形式媒体的廉价方法。

适应非线性设计方法的新一代设计师和工程师可以试验并使用纸浆泥新的组装和成型方法，这将节省成本且简化制造步骤。

上图：做一枚属于自己的印章。刻好印章，让它们晾干。干燥的纸浆泥无需烧制就足够坚固了。这是几张干印章，上面展示了在软的纸浆泥上的刻印
摄影：盖尔·圣·路易斯（Gayle St Luise）

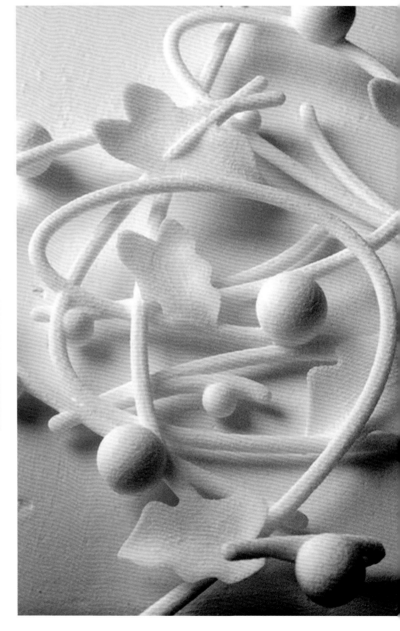

左下图：尼尔·福雷斯（Neil Forrest）和团队
《薄片装置》，2011年
纸浆泥/合成纤维层压板和混合材料，CAD/CAM建模部分，作品尺寸：20 cm×30 cm×10 cm
摄影：科罗拉多艺术博物馆（Colorado Art Museum）

右下图：布莱恩·吉利斯（Brian Gillis）和迈克·米勒（Mike Miller），常春藤研究EIGER实验室
2010年
由选择性激光热压纸浆泥模具制成的三维打印纸浆泥铸件
摄影：迈克·米勒（Mike Miller）

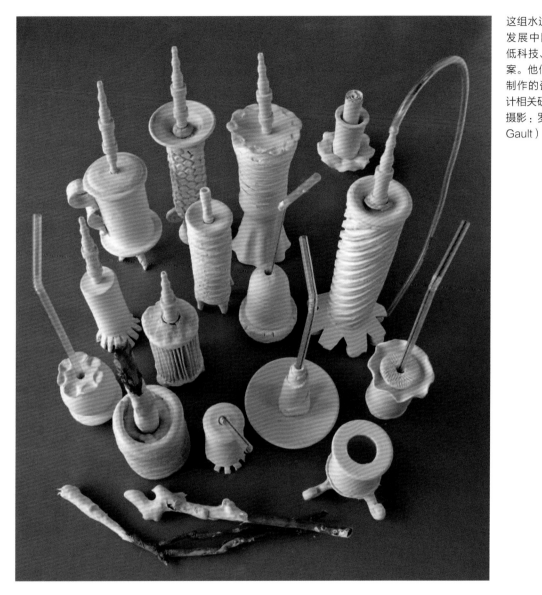

这组水过滤器模型由作者手工制作。发展中国家仍然迫切需要低成本、低科技、环保的清洁饮用水解决方案。他们可以尝试利用纸浆泥调配制作的瓷器进行水过滤器，这项设计相关研究正在进行中
摄影：罗斯特·高尔特（Rosette Gault）

一些研究表明，有许多新的方法来制造产品，这些新方法将从这本书中提出的想法演变而来。例如，可以调整一个新浇注或机加工的湿的纸浆泥盖子的大小，以便它可以收缩并夹在干燥的纸浆泥的容器上。在干燥的容器上可以直接制作盖子的模具，干燥的纸浆泥足够坚固，能够承受这种力。也可以采用快速成型方法。我们需要更多的研究来进一步发展可持续材料的领域，包括回收或再生材料。

为了验证一些可能性，2011年在马德里，一个由电脑软件制作的陶瓷作品——《心脏跳动》——的"干—干"组装过程使用了一个复杂的、干部件支撑的陶瓷雕塑的顺序组装系统。该项目由巴塞罗那的塞塔埃斯图迪（Saeta Estudi）设计，于2011年春季在马德里罗卡ROCA画廊展出。

这组半打真人大小的无熟料纸浆泥雕塑在一周半内完成。雕塑是通过石膏模具印坯制成的。所以原形（主题）是相似的。为了使其不同，我让新部件在固定之前干燥，用软皮革状态的泥板覆盖在干燥站立的轮廓上。手臂和腿的其他平板附件分别在地板或石膏板上干燥，然后使用"湿—干"法连接
摄影：罗斯特·高尔特（Rosette Gault）

合并方法的例子：阿利索溪（Aliso Creek）的缪斯女神

使用非线性制作方法可以为大型项目节省数月时间。我用一套石膏印坯模具制作了6个真人大小的雕塑，准备待其干燥后在一个半星期内烧制完成。如果我有更多的模具，速度会更快。

每天晚上，我把压在石膏模具上的软皮革状态的泥板强行弄干——用一个盒式风扇从底部对准中心一直吹风。如果到了早上，外壳还没有完全干透，我就把它们翻过来，把上面的边贴在地板上，这样在露天晾干的最后阶段，硬皮革状态的纸浆泥板就不会变形。之后可以重复"压模"的这个过程，这样就能够快速制作并进行组装。在每个工作周期间隙，我强制干燥潮湿的部分，以便连接和部分返回到最大可能的拉伸强度和干燥过程中。

新做的软皮革状态的纸浆泥板可以在固定之前收缩干燥。可以用潮湿的海绵擦拭并修剪干燥、稳定的外壳的边缘，然后用下面的小软黏土球作为缓冲器，用以对齐两片已干燥的泥片。小的软黏土球很快就干了。我用柔软、高黏度的纸浆泥衬垫填充脆弱区域的空白，并在稳定的表面上使用颜色。所有形状的内部基本干燥后可以在一两天内点火。这种尺寸的传统黏土组装需要数周或数月的缓慢干燥才能烧制。同样，对于像这样的大形状，我用干黏土的碎片做垫片和底部的楔子，用软纸浆泥来保持平衡。

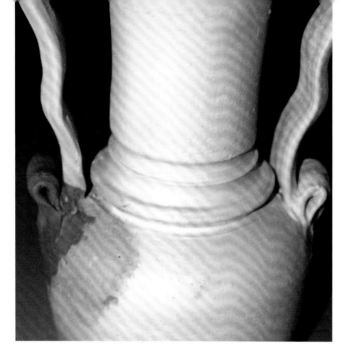

将素烧的部分浸泡在水里一会儿，然后在上面涂上一层薄薄的泥浆或柔软潮湿的纸浆泥。连接新的部分，让它在室外晾干，然后检查有无极细的裂缝。如果接头承重，再烧制一次检查，或在高温烧制前修补
照片：罗斯特·高尔特（Rosette Gault）

未烧和烧成后的纸浆泥的结合

把已经烧制好的上过釉的陶瓷片嵌在厚而湿的纸泥浆里，然后完好无损地烧制（如果烧制的温度超过了上釉的温度，釉面就会流失）。如今，纸浆泥和泥浆常被用于原生和烧制过作品，以及混合材料之间的结合。低温烧制和烧结的纸浆泥也可以被雕刻或与原始纸浆泥连接或嵌入后进行烧制。

因为很容易用纸泥浆涂抹素烧表面，所以修补素烧裂缝或在素烧中添加未烧过的部分尽管不是很理想，但也是可行的。修补干裂缝的成功率比修补素烧之后的成功率高得多。然而，如果想尝试一下修补素烧裂缝，首先需要将修复的区域浸泡在水里一会儿，然后在上面涂上一层薄薄的纸泥浆或软的、湿的纸浆泥。素烧器皿适用两种涂料中的任何一种。

有些类型的细小裂缝只需要耐心和较少一些练习就可以被修复。是否属于这些类型由裂缝在哪里及它们为什么出现决定。典型的原因是在软皮革状态下，纸浆含量低，此时如果压力大或过度揉捏泥土就会造成裂缝。在修补前需要对这些裂缝做出判断。通常，尝试修复裂缝是值得的，否则，一切工作将不得不重新开始。

朱莉娅·内玛（Julia Nema）《雪底1》，2010年
柴烧的半透明纸浆泥制瓷，在美国阿姆斯特朗美术馆（Armstrongs Gallery）展出，作品尺寸：18 cm×61 cm×13 cm
摄影：辛西娅·马德里加尔（Cynthia Madrigal）

右图：苏珊·舒尔茨（Susan
Schultz）
《孵化》（细节），2011年
来源于塑料海洋的装置艺术，奥甘
奎特美术馆（Ogunquit Gallery），
注浆翻模，纸浆泥和混合材料自作，
尺寸可调节
摄影：迪安·鲍威尔（Dean Powell）

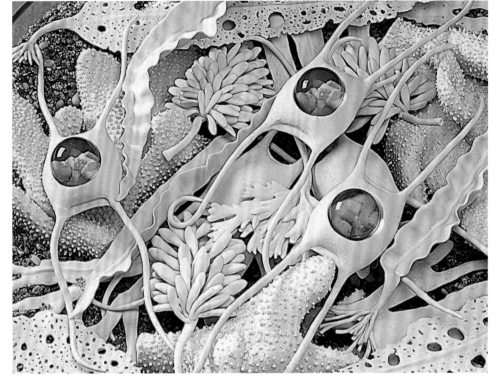

下图：蒂娜·德韦尔特（Tina
DeWeerdt）
《瓷器中的结构》，2011年
纸浆泥制瓷制作，作品尺寸：
25 cm × 43 cm
摄影：让·戈德查尔（Jean
Godecharle）

第七章

制作不同尺寸的人物

当用纸浆泥塑造人物时，来自传统雕塑和传统陶瓷制作的技能都可以被融合在一起运用。那些用蜡、油泥、软石膏和瓷泥进行创作的人会注意到相似之处，那些知道如何用木头或石头雕刻人物的人也会注意到相似之处。传统的黏土制作方法——对所有处在潮湿和硬皮革状态的部件进行组装——可以用于制作纸浆泥的人物。但这不是唯一的选择。几乎在整个制作过程中，干湿结合的方式都提供了可以做出改变的机会。

小样制作：初步设计小样或微缩的模型

小样和小尺寸的雕像比大型作品更容易运输、烧制、展示和储存。在上釉和烧制后，它们可以单独作为一个作品，也可以作为一件更大的作品的补充。对于艺术家来说，首先用小样设计和确定大尺寸作品的想法和效果也是可行的。有些被烧制的小样模型可能被发现不适合制作大尺寸，于是相关的大尺寸作品永远不会完成。

上页图：阿曼达·谢尔（Amanda Shelsher）
《波澜不惊的水面》，2011年
纸浆泥制陶，作品尺寸：35 cm × 55 cm × 25 cm
摄影：比尔·肖勒（Bill Shaylor）

右图：苏·斯图尔特（Sue Stewart）
《朋友》，2003年
纸浆泥制陶，作品尺寸：30 cm × 23 cm × 10 cm
摄影：苏·斯图尔特（Sue Stewart）

马克·内森·斯塔福德（Mark Nathan Stafford）
《史泰博》，2010年
它的头也是一个茶壶。超声波雾化器产生的冷蒸汽
由一个小风扇排出，从耳朵和眼睛中逸出。纸浆泥
制装置，作品尺寸：137 cm × 54 cm × 76 cm
摄影：马克·内森·斯塔福德（Mark Nathan Stafford）

　　干燥状态下的纸浆泥雕塑几乎和石膏一样坚硬。如果想要改变干燥的雕塑局部的造型，不需要重新开始整个工作，也不会影响不需要改变的部分。可以在干燥的造型上画标记和网格线，也可以上釉和烧制方便后续保存。

　　熟悉的手捏、盘条和泥板成型的技巧通常是制作造型类作品的开始，也是制作人像的方法。底座可以与其他部分分开来做，在干燥的时候与人像结合。可以在软皮革状态的泥板上剪出纸浆泥底座的形状，甚至可以剪出一个卷起来的或手捏的倒置的碗的形状。

　　使用非线性方法制作的干燥状态的造型有助于支撑整个形态，细微的部分也可以添加。即使已经干燥，减去上面的部分或者做一些改变也是可以的。在一开始的时候，一个软而小的人像可能因为太松软而无法站立。在室内放置一天左右就会变干变硬，或者也可以在阳光直射下放置1小时。把硬皮革状态的人像摆平或摆成一个姿势，也许柔软的胳膊或腿仍然需要支撑着。把它们靠在坚硬的东西上，比如一块干燥的纸浆泥，让它们完全晾干，这样就会足够结实，可以直立起来。如果一个人像需要安装鞋子或脚，用一团软黏土或泥浆把它们黏在干燥后的造型上。可以用软黏土把它固定在新的干燥的基座上，看看它的耐久程度。可以把它从基座上拿下来多次操作。

　　一旦干燥，可以用水软化部分区域使其精致，而不影响其他干燥部分。在干燥的区域之上塑造柔软的纸浆泥要用如刮片、针或锋利的木制工具。

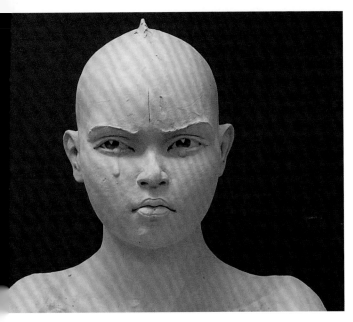

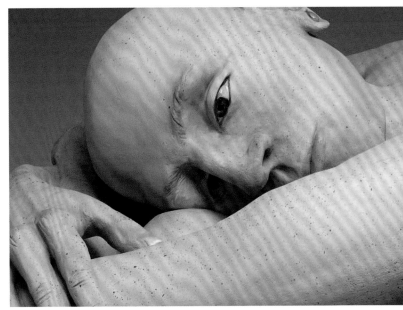

左上图：亚历克斯·波特（J. Alex Potter）
《普吕托》，2010年
纸浆泥，作品尺寸：51 cm×51 cm×33 cm
"纸浆泥能够无限度地表达细节。"
摄影：亚历克斯·波特（J. Alex Potter）

右上图：康斯坦斯·麦克布莱德（Constance McBride）
《会有和平吗》（细节），2011年
纸浆泥，作品尺寸：53 cm×112 cm×43 cm
摄影：迈克尔·希利（Michael Healy）

下图：斯佳丽·卡尼斯托（Scarlett Kanistananx）
《这样的旅程》，2011年
纸浆泥制祐
摄影：由斯佳丽·卡尼斯托（Courtesy of Scarlett Kanistananx）提供

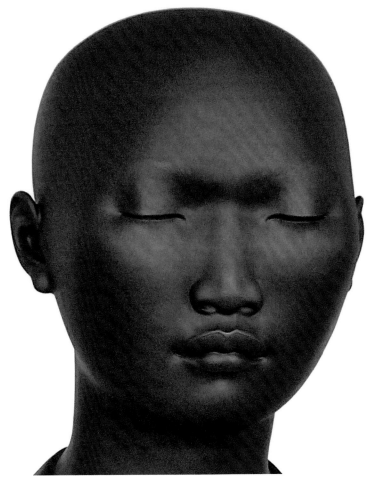

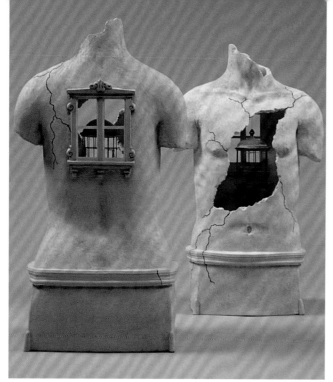

吉里·隆斯基（Jiri Lonski）
《内心世界：哭泣与低语》，2003年
作品尺寸：左：81 cm×53 cm×28 cm；右：84 cm×48 cm×28 cm
摄影：吉里·隆斯基（Jiri Lonski）

安贾尼·坎纳（Anjani Khanna）
《亚利》，2004年
氧化纸浆土制炻，作品高度：约1.5 m
摄影：安贾尼·坎纳（Anjani Khanna）

如果一个人像需要"衣服"，可以裁剪扁平的图案，就像那些用于洋娃娃的衣服，再在干燥的人像上用软皮革状态的泥板，悬挂、包裹或者折叠处理。通常要等到这些悬挂的泥板和下面的人像一样干燥，才能更精确地黏合。让零件和连接部分在工作间隙时干燥，然后再根据需要在上面雕刻或制作零件。如果有一部分损坏了，比如耳朵或手指，制作一个新的也是很容易的，接上并融入其中。小人物可以站立，也可以变成具有可移动关节骨架的结构。

大尺寸项目

如果需要进行一个大尺寸项目，最好提前筹备计划，这样将避免烧制之后的很多问题。虽然不是所有的项目都需要这样，但对于大尺寸项目来说，有计划的初步设计或者小草稿会很有帮助。在确定最佳版本之前，可以先准备一组小型的有区别的草稿作品。此外，设计方案让人能够协调任务并提前考虑到一些实际问题。例如，提前规划模板、组件、注浆和每一部分的尺寸，以便能通过窑的门或进入车辆，以及搬运的木箱。这个草稿给了操作者机会去思考实际的细节。如果作品要放在户外，如何才能最好地清洁其表面？这可能是最终选择铜绿和上釉的重要影响因素。它将如何安装或装裱？是否有拆除和搬迁的计划？运输或安装所需的开口、把手和钢筋可以安装在结构中吗？

关于将小样"放大"的注意事项

许多艺术家从一系列的小样中选择最好的来制作更大的版本。大版本可能不只会用到纸浆泥，还会用青铜、水泥或其他材料。

在使用纸浆泥时，我们常会采用传统的方式来放大雕塑。一个干燥的纸浆泥造型如果已经足够坚固，就可以用网格线标记并将这些转换到更大规模的复制品上。

也可以用小尺寸的剪纸模板计算出比例，这些模板可以直接打印放大。一个图像，剪影或网格可以投射到纸上（甚至是纸浆泥），附在墙上或铺在地板上。

模板对一个团队来说是非常省时间的，当需要制作许多雕塑的时候。如果有一部分损坏了，或者陶艺师改变了主意，一个完美的替代品很快就能够制作出来，不会耽误原计划的预计工期太多。

制作的过程

纸浆泥作品的每一部分可以在组装前分别制造。例如，在精细设计中处理脸部的细节时可以以一个更舒服的角度进行处理，比如在艺术家的膝盖上或桌面上制作。一些制作者把躯干部分或正在制作的雕像放在一个转盘（一个大的旋转托盘）、捆扎轮或带有脚轮的平台上。这样，就可以转动作品来检查图形的各个面而不必绕着它走。

左图：斯科特·道格拉斯（Scott Douglas）
在一个由纸浆泥制瓷的已干燥实物大小的造型上用潮湿的软的纸浆泥制作新的部分。这个模子是用石膏做的
摄影：罗斯特·高尔特（Rosette Gault）

右图：安·马拉斯（Ann Marais）
《种类》，2009年
纸浆泥制雕塑，作品高度：86 cm
摄影：安·马拉斯（Ann Marais）

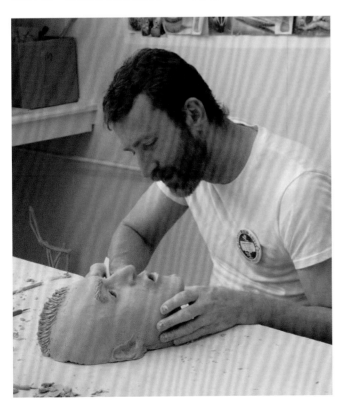

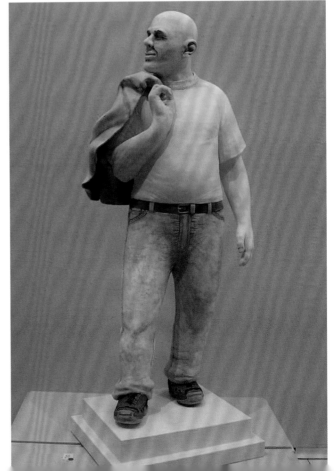

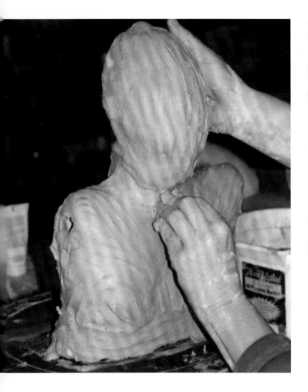 

可以通过重新湿润作品来软化特定区域。我会在干燥的或者硬皮革状态的纸浆泥上用非常软的糊状的纸浆泥来软化需要部分。当糨糊变硬变干后，就可以使用雕刻技术来实现软的和硬的细节刻画——锋利、干脆的雕刻细节或更柔软的皮肤效果。在每一阶段，交替地增加或减去东西，直到轮廓适合这个作品。增加细节的层次是分层完成的，就好像在聚焦相机的镜头。

米歇尔·科利尔（Michelle Collier）解释了她的工作过程的精神："如果作品需要进行重大修改，我有时会用橡胶槌把它敲开，这样就可以用湿的纸浆泥将其重新组合。我甚至有时在之前的作品中添加了一些新元素。纸浆泥让我打破了传统泥塑的规则。"

支撑

艺术家们找到了新的利用纸浆泥来做内部支撑的方法。一个稳定的轴通常被用来支撑头部，并且轴允许头部和颈部同时旋转，所以纸浆泥管子或一组嵌套的管子能够强大到使脖子和脑袋进行松散地连接，但是内部却保持垂直。脖子和头部可以暂时固定在一根管子的顶部，管子的边缘是软黏土或纸，所以可以松散地旋转头部，并从多种角度审视和调整它。

当管子被隐藏在雕塑里以提供稳定的支撑时，它应该足够长以连接到基础或水平地面。并且，它应该有足够厚的壁来支撑上面的新部件的重量。此外，这个内柱（像

左图：由干燥、折叠的平板切割而成的非常柔软的纸浆泥层可以在一个中空的躯干顶部被压平、搅拌塑造
摄影：罗斯特·高尔特（Rosette Gault）

右图：柔软的纸浆泥被压在一个干燥的纸浆泥模具中（最右边），复制出了一系列一样的坯体。在柔软的纸浆泥上，我制作、修整面部的表情、头发、性特征、眼睛、嘴唇、鼻子和骨骼等每一个结构，在干燥的纸浆泥上再用湿的覆盖。这种方法可以放大到真实大小的面具。纸浆泥调配瓷泥制作、工作进行中
摄影：盖尔·圣·路易斯（Gayle St Luise）

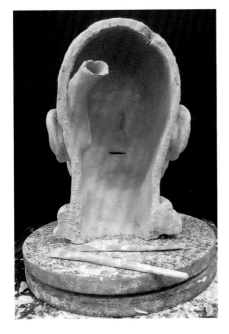

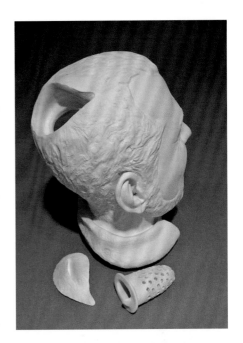

马克·内森·斯塔福德（Mark Nathan
Stanford）
《茶壶特效》，2009年
纸浆泥制瓷，干燥的内部部件之间的紧密
配合，留出足够的空间来容纳一个小风扇
和用于特效的雾化器。根据需要，茶壶水
的蒸汽可以从眼睛和耳朵里出来。内部保
持开放，使每个部分都能完全干燥。它将
被封闭以便在烧制前连接装饰的部分和表
面的部分。在右上方，我们看到另一个正
在制作的茶壶/头，在前景中显示了一个嵌
套的滤茶器和盖子。作品尺寸：28 cm×
18 cm×23 cm
摄影：马克·内森·斯塔福德（Mark Nathan
Stanford）

如果有一个支撑管软化了，应将不同部分结合在一起并在烧制前检查。建立一个自定义轴，使头部可以旋转到所需的角度。如果零件将单独烧制并重新组装，请事先确保足够松散，以便有空间用于安装或拆卸油灰或黏合剂。

摄影：马克·内森·斯塔福德（Mark Nathan Stanford）

皮尔乔·佩索宁（Pirjo Pesonen）这个作品由中心的干燥的纸浆泥管道开始，穿过一根木杆来稳定它们。使用"湿—干"的装配方法，可以创建并匹配"键"或"标签"，方便地钩住每个部分。随后，这些堆叠的元素从柱子上抬起来，分别烧制和运输并在现场重新组装。工作进行中

摄影：罗斯特·高尔特（Rosette Gault）

一个支柱）应该足够厚且不会因为持续增加柔软黏土的工作而被浸湿。

在很多情况下，补救方法很简单：停止，让内部结构隔一夜或几小时后再次变干，必要时移除头部以加速干燥。这段时间会给出足够的时间去处理另一个部分。

另一种替代纸浆泥管子的物体是木销子，将木销子沿颈部向下滑动。注意，在项目结束之前，需要将木销子移除。

也可以发明或定制一些道具或垫片在雕塑的底部与一些干燥的揉好的纸浆泥拼接。随着雕像的规模扩大到真人大小，加固和备份道具可以在烧制过程中随时添加。

完成作品

一个真人大小的纸浆泥人像通常在一到两天内就可以烧制完成。在制作过程中，干燥部分之间潮湿的连接很快就会干燥，内部结构也会稍后干燥。

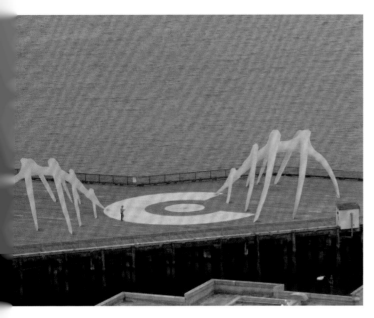

左上图：罗斯特·高尔特（Rosette Gault）
《西雅图海滨公园码头52/53》，2012年
这是为直升机平台设计的雕塑方案模型。我准备了更小的版本，并将模型的图像叠加在现场照片上，这样就可以计算出按比例放大的规模，需要多少黏土、物流和其他成本。这一提案正在西雅图塔科马国际机场展出
摄影：罗赛特·高尔特（Rosette Gault）

右图：米歇尔·科利尔（Michelle Collier）
《我们从哪里来》，2010年
纸浆泥制陶，作品尺寸：61 cm×28 cm×23 cm
摄影：达娜·戴维斯（Dana Davis）

左下图：艾弗里·帕尔默（Avery Palmer）
《月球上的人》，2008年
纸浆泥制陶，作品尺寸：40.5 cm×35.5 cm×15 cm
摄影：艾弗里·帕尔默（Avery Palmer）

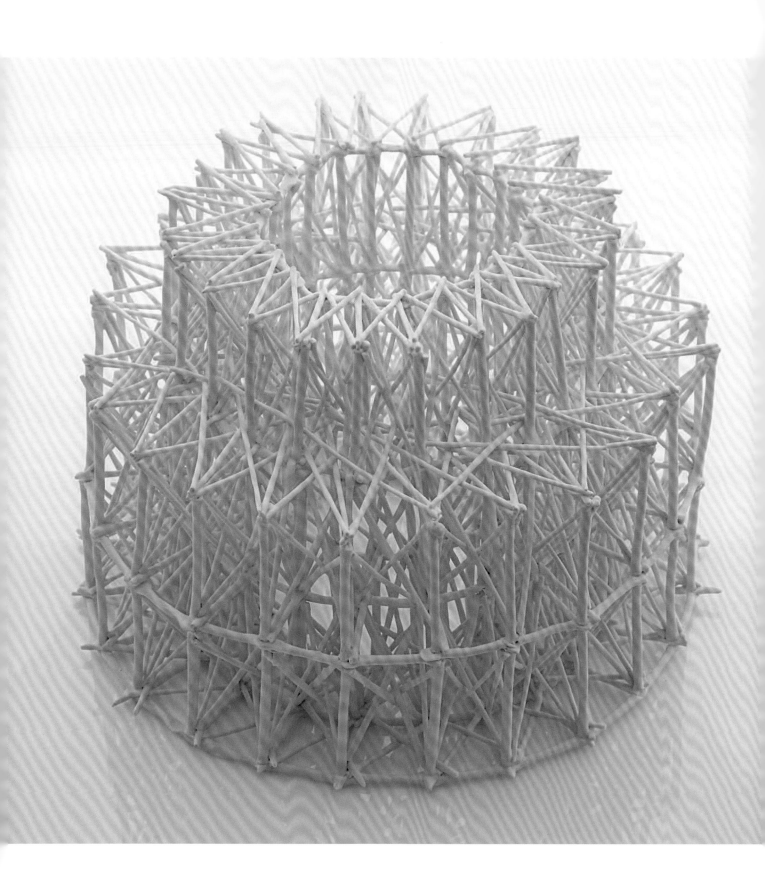

结构和框架

第八章

　　纸浆泥的结构框架可以先行计划也可以即兴创作。无论是哪种方式，都可以组装出简单或复杂的内部结构。有许多纸浆泥艺术家，关于结构的灵感来源于自然：动物的骨头、蜂巢、巢、网等。我也时常混合使用建筑、工程和常识作为灵感来源。

从传统方法改变而来的实践

　　传统陶艺制作中的拉伸、延展的方式可以在软皮革状态的纸浆泥中起到支撑作用，直到它变硬。这种方法是垂挂纸浆泥板并用缎带装饰，这样，管子或褶皱被放置在隆起或塌陷的内部形成一个坚硬的形态。一旦纸浆泥板外形变硬，里面的形状就可以被移除。还有一种与传统方法不同的做法，就是在袜子或包里塞满碎的或皱巴巴的纸、海绵泡沫、颗粒、沙子或其他材料来做支撑。如果用柔软的纸浆泥包裹或缠绕在上面，在纸浆泥干燥后留下一个手掌大小的出口孔，轻轻地取出袜子或袋子，就会留下一个由干燥的纸浆泥制成的空心外壳。特蕾莎·勒布朗（Thérèse LeBrun）进一步为她自己的特殊的纸浆泥发展了这种方法。

上页图：努拉·奥多纳万（Nuala O'Donavan）《放射》，2012年
纸浆泥制瓷，作品尺寸：43 cm×42 cm×28 cm
摄影：西尔万·德勒（Sylvain Deleu）

右图：马德维·苏布拉曼尼亚（Madhvi Subrahmanian）在新加坡福斯特（Fost）画廊的工作室里。一个复杂的网格可以分阶段建造，在两个工作周期之间有时间晾干
摄影：斯蒂凡妮·方（Stephanie Fong）

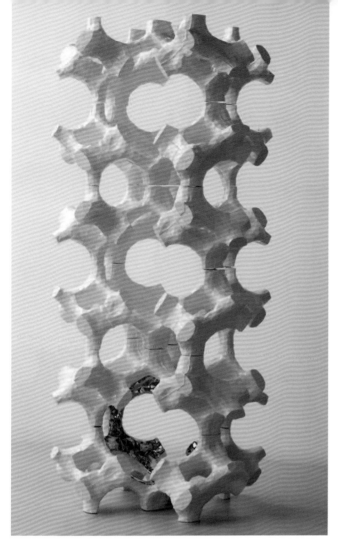

左图：德尔·哈罗（Del Harrow）
《骨架》，2011年
瓷泥注浆（添加混合纤维），釉，白金光泽，"这个CAD设计的形式是一个模块化的系统，由泥浆组成，单独燃烧，它们可以组装成一个独立的雕塑或多孔墙或建筑屏幕。"作品尺寸：36 cm × 48 cm × 89 cm
摄影：德尔·哈罗（Del Harrow）

右图：临时搭建一个支撑架的结构。在车架上添加新部件并干燥后，重新检查连接的平衡性和完整性
摄影：玛琳·佩德森（Malene Pedersen）

什么是支架？

在雕塑中，支架是用来支撑柔软、易变形的造型材料，如蜡、橡皮泥、油泥、石膏、玻璃纤维或橡胶的内部结构。由于不会被烧制，支架可以是任何一种隐藏在形状之中的材料，如木材、金属、金属丝、网格或泡沫。甚至还有可重复使用的木头或金属形状的结构、带有精心制作的可弯曲的球状金属接头等。在时尚界，裁缝们在试穿连衣裙和套装时使用可调节的"裙子支架"也能用来稳固支撑。

柔软的纸浆泥可以模仿许多这些非黏土材料，干燥的纸浆泥因为其足够强大的功能本身也能作为一个框架。

什么时候需要搭支架？

对于小型或简单的容器形式，可能不需要搭建支架。但随着纸浆泥陶瓷作品规模的扩大，作品变得越来越重或者壁厚变得像纸一样薄，这时可能需要提供内部支撑，尤其是在你离开现场的时候。作品越大越复杂，内置支架在烧制前后的功能

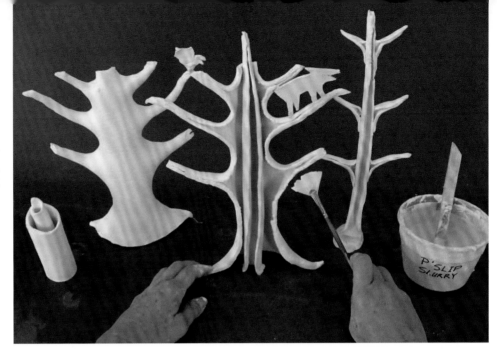

受大自然的启发，在横截面上可以看到基于植物形态的设计——一个中央管如何可以在另一个内部滑动且保证重量增加最小。在雕塑的外壳干燥后，可以在里面定制管子，但需要时间。保持密封直到它们像外壳一样干燥，把它们固定到最后的位置
摄影：罗斯特·高尔特（Rosette Gault）

就越大。结构的内部"骨架"不仅可以精确地匹配作品形状，而且可以适合各种情况——永久的或临时的、内部或外部的、暴露或完全覆盖的。

随着作品体量的增加，某些地方烧制温度过高的可能性也会增加。传统的做法是把作品放匣钵里，以防止可能发生的坍落和变形。可以在作品旁边放置一块大耐火砖作为安全支柱一起烧。但是除了使用立柱或耐火砖块作为支柱外，还可以建造一个类似脚手架的纸浆泥结构，它将围绕着作品，在烧制过程中支撑作品，作品完成之后可以移除结构体。

纸浆泥支架的类型

有几个可行的策略来开始搭建支架：

A. 从内到外搭一个支架。"管子支架"可以用于较大的项目和串联框架（类似"木偶"的连接方法），其特点是有可移动的关节并可用于较小的形式。

B. 先做一个干燥的外壳，然后在里面装一个框架。

C. 即兴创作一个混合了A和B的结构（只有在理解并测试了前面的两种方法后才能真正即兴创作）。

方法A：由内而外搭一个框架

这种方法涉及到创建一个稳定的中心柱或框架，可以支持添加的软纸浆泥在其上。内部框架最初是通过加入干燥的纸浆泥部件组装的，如空心管、半球、锥形、锥体、卷曲体或折叠板。一旦结构构建完成，就可以在结构上增加纸浆泥后开始创作。虽然可以使用高浆黏土纸制成的实心线圈（直径大约5～10 cm或2～4 cm），但空心管用于建造内部框架的强度比高浆黏土纸要大得多。关于它的牢固性看看泰

各种干燥、折叠的部分都将用厚的纸泥浆和软黏土组装和加强。可以在底部填充管子四周的区域，整齐的覆盖所有底部并不难，可以让中间的管道保持开放，使其在烧制之后的基础上更容易添加其他部分。管子的顶端是颈。一碗清澈的水可以临时替代沉重的头，以显示正确的位置应该在哪里，在中间放置一团柔软的黏土，直到确定出最佳的角度和最终的连接再进行固定。即使是做得很松的套管，在干燥的时候也比柔软的时候填得更好

摄影：盖尔·圣·路易斯（Gayle St Luise）

奥扬森（Theo Jansen）的大型风力作品《斯特兰德比斯特海滩 Strandebeest》结构就知道了。它沿着荷兰的海滩移动。这些"运动中的框架"几乎完全由轻型PVC水管构成。一件真人大小的纸浆泥作品可以通过干燥、湿润和烧制的应力温和地膨胀和收缩，中空的管可以减轻重量。

切割折叠板是可以用来创造体积的一个更快的方式，也可以支撑躯干或头部以上的重量。支撑躯干所需的各种部件可以分开制作，干燥后可以装配在一起。较厚的曲线应该足够坚固，可以支撑许多层柔软的纸浆泥，也可以方便地钻更多孔，或进行凿刻和雕刻。等连接处干了、变得非常结实后再在上面涂上厚厚的泥浆。

对于更高级的结构，组装过程可能是分步骤进行的。用软纸浆泥和纸泥浆连接了一组5个干燥的锥形空心拱。起初，每一个新的、潮湿的关节都可以"伸缩"，所以它们可以被自由地调整以找到最合适的位置。待新的连接处完全干燥后，框架即使在干燥的尖尖的脚上也会很稳定了。

接着，我从高处扔下一层薄薄的纸浆泥片。当泥片落在干燥的架子上时，它伸展到足以捕捉到下面的脊椎骨和肋骨轮廓的长度/高度。在我把它连接到框架之前，先让这块软泥片不受干扰地干燥并适当收缩。干纸浆泥框架目前处于其最大强度，这是加固连接、添加轮廓或添加软泥延伸的最佳时间。

一些支架的组装都是通过艺术家们自己转变成了动态的雕塑。努拉·奥多诺万（Nuala O'Donovan）的作品给出了许多结构的例子，每个部分都用想象力和技巧被测量、组装和平衡。

利摩日陶瓷无熟料纸浆泥（Limoges porcelain paperclay）
2009年
项目在国际陶瓷研究中心的支持下进行。
一个临时支撑结构的例子。在颈部和手臂部位的薄纸浆泥板后面，添加了许多空心管来支撑。新的接头已经干了，可以添加弯曲的泥板来拓宽臀部。当一切都干了的时候，我用厚的纸泥浆填补或覆盖这些任何可见的接缝。在纸浆泥结构中，气孔是可以存在的。在几天而不是几个月里的多次润湿和干燥是组装碎片的关键。工作进行中
摄影：罗斯特·高尔特（Rosette Gault）

制作类似木偶的框架：绳子做的支架

绳子做的支架是另一种由内而外的制作系统，它被研究并应用于纸浆泥人像作品上。它提供了在人像上可移动的结构，使其更容易修复脆弱的破碎部分。绳子也可以作为一种替代制作框架的管子或泥板。此处最好是用绳子而不是电线，因为绳子在燃烧过程中会烧掉，留下一个内部的"空心"，有利于空气循环、增加抗拉强度等。

当用泥浆在天然纤维上涂上一层像蜡一样的厚层时，它会变得足够干并且能够直立起来。潮湿的、涂上涂层的绳子本身是不能站立的，它还会黏在干燥的纸浆泥、纸本身、布料和素烧的作品上，所以必须将绳子平放在桌面上或者悬挂在某处直到它晾干。一些艺术家为了得到曲线，会把蘸过泥浆的绳子挂在气球或塑料上晾干。

如果要制作一个动作敏捷的木偶，可以用绳子、麻线或绳子剪出一个人物简笔画的轮廓，然后打个结，将其多次浸入泥浆中以建立结构层。等待纸泥在两次浸泡之间凝固甚至完全干燥，把湿的泥浆线固定或挂在想要的位置，摆出理想的造型直到其干燥，这样胳膊、腿和头就不会缠在一起。

为了在干燥的形态上获得弯曲接头的效果，请用针在关节的所需位置绘制一条参考线，并将其轻轻弯曲打开，再加入一根尼龙线，它与坚硬、干燥的纸浆泥不同，这根线是透明且柔韧的。不要扯断或割断绳子。如果切割线中的接头导致线变得松

左图：丹尼·扬伦（Dane
Youngren）
受北美西部废弃矿井的启发，手
工制作的炻器、纸浆泥结构。工
作进行中
摄影：罗斯特·高尔特（Rosette
Gault）

右图：虽然细节尚未完成，但干
燥下浸过的绳子可以放在一个场
景里并对摆放姿势进行调整。在
干绳周围压上一层层柔软的纸浆
泥，使其变得结实。轻轻拍紧纸
泥浆可以牢固地连接和固定人物。
中央的图形是一个有灵活关节的结
构，现在已经填充。它的轮廓和细
节比其他的都要多
摄影：盖尔·圣·路易斯（Gayle
St Luise）

软，可以在接缝处钉上一团非常柔软的纸浆泥来固定它们。当这些接缝处的纸浆泥干了，就固定了。在绳子的顶部和周围压上软的纸浆泥，也可以使绳子的轮廓变粗。浸在线上的纸泥浆涂层厚度应大于 2～3 mm。如果涂层太薄，烧结效果会非常脆弱。

方法B：先制作外壳，再在里面搭个框架

想要建立这种方式，需颠倒方法A描述的顺序，先创建外壳，然后在里面安装肋骨和交叉支撑。该项目可以从一个简单且干燥的纸浆泥外壳、一个覆盖或折叠的板、一个卷曲或注浆的形式或任何能想象到的组合开始。

定制的交叉支撑有许多可能的设计。对于内部交叉支撑而言，纸浆泥管或"半圆"（切片或纵向折叠的管）通常比单个线圈或泥条更坚固。在干燥的壳或容器内铺上柔软、新鲜的管或半圆形管并且整理、适应和修剪这些管子——使它们看起来像肋骨、脊椎或晶格——这样它们就会干燥成贝壳状的曲线形状。等它们干了，再把它们黏在贝壳上。结构对称的框架不是唯一的可行性方案，不对称也是可行的。

规模越大，就越能将结构工程原理融入到施工过程中。

在新部件完全干燥后，新部件们能够快速且容易地连接和覆在彼此的外壳上。在接触点周围刷上大量的纸泥浆或者将干燥的支架快速浸入一桶纸泥浆中并放置在

罗斯特·高尔特（Rosette Gault）
利摩日纸浆泥制瓷（Limoges porcelain paperclay）
在干燥的纸浆泥壳上排列软皮革状态的管子，让"肋骨"干燥并略微收缩到合适的位置以完全适合轮廓。当管子和外壳都达到干燥和稳定的状态时，开始用湿软的糨糊、黏土或其他媒介来连接它们。相关研究表明对称的内部结构是最稳定的形式。作品创作中
摄影：罗斯特·高尔特（Rosette Gault）

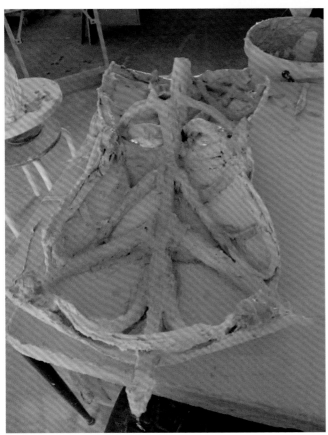

利用浴缸制作结构的腰部部分以加固和交叉支撑，在这很久以后，我决定改变它，将人体两边的结构封起来。我删除了外壳覆盖的部分，露出一些内部的"骨头"，这一步可以自由地添加和删除，直到满意为止。利摩日纸浆泥制瓷，作者在丹麦古尔达格尔国际陶瓷中心进行的研究，作品进行中
摄影：罗斯特·高尔特（Rosette Gault）

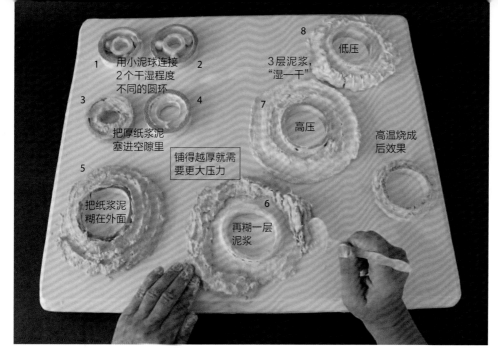

图中标注：

1 用小泥球连接2个干湿程度不同的圆环
2
3 把厚纸浆泥塞进空隙里
4
5 把纸浆泥糊在外面
6 再糊一层泥浆
铺得越厚就需要更大压力
7 高压
8 低压
3层泥浆，"湿—干"
高温烧成后效果

我做了一组干燥的圆环来模拟一个支撑管的横截面视图，它可以被用来做支架并用来观察"湿—干"结合的纸泥浆。我在每个圆环的内外涂上了一层厚厚的纸泥。为了观察在干燥中的自然扭曲和附着力的数量，我没有为测试在环上的光滑表面预先评分。在干燥到6的程度时添加了两层厚的涂层。在5上加一层厚的涂层，在7上加两层厚的涂层，紧贴着圆环干燥，接缝之间没有出现裂缝。厚而低浓度泥浆如预期出现了一点点裂缝（8），但仍可修补。1和2展示一些柔软的纸浆泥团如何容纳两个干环。用厚的纸浆土涂在一个干环的内侧，在3中拿出了一点，但在4中没有这样做，可能是因为我花了更多的时间把它压在合适的地方。这是本书作者的研究

摄影：盖尔·圣·路易斯（Gayle St Luise）

干燥的壳上，它的附着力很好。有时我会在手边准备一些干管子，在切割后用作额外的结构支撑。另一种加固承重连接处的方法是将纸浆泥条浸在泥浆中，然后像绷带一样缠绕在连接处和格子交叉处。

可以用几厘米厚、高浆的纸泥浆填充干燥的薄外壳的内部并保持住内部的结构。一定量的额外纸泥浆可以成功地添加到一个干燥的壳或管上并且不会有裂缝。填充干燥的纸浆泥壳可以作为一个加强复杂折叠板的策略的一部分。

陈鹏飞（Allen Chen）
工作进行中，2009年
将编织的纱线浸在纸浆泥浆中，晾干，重复这个过程直到纸烧完后结构足够厚可以支撑自己。在素烧后（右），暂时的支撑被移除。更多的釉层被添加并且在完成之前被烧到更高的温度
摄影：陈鹏飞（Allen Chen）

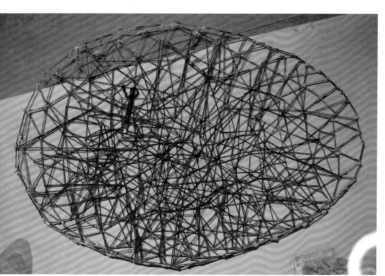

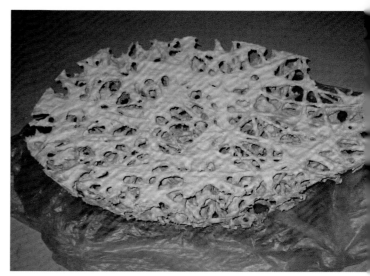

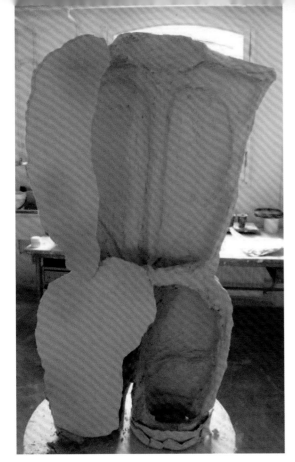

左图：快速干燥稳定的纸浆土制瓷器作品。因为纸浆土在干燥状态下处于最大抗拉强度，所以尽量要在工作期间快速干燥作品。在支架和之前干燥的挂钩连接处两者的干燥过程中，在短时间内会出现一些潮气，但这种潮气很快就会蒸发掉。
纸浆泥调配利摩日瓷土（Limoges porcelain paperclay）
摄影：罗斯特·高尔特（Rosette Gault）

右图：在一块干燥的平板背面添加了湿把手、挂钩、环和壁架，然后在太阳下晒干。把手必须变得像板一样干燥，这样才能承载重量。可以将挂钩挂在一个人物的内部框架上以预览它将看起来如何或测试其强度。也可以将它像门一样移开进入新形式。这些扁平的作品挂在左边的作品上
摄影：罗斯特·高尔特（Rosette Gault）

大型框架的组装

随着工作规模的扩大，来自建筑和结构工程上常使用的方法也可以尝试用于纸浆泥的制作，有时也可以是两种方法融合使用。

为了闭合框架并覆盖薄的泥板手臂、腿和胸部并安全地烧制，需要让覆盖板悬挂起来，但它们必须是可调节的才能适应框架。定制的挂钩手柄、边缘和壁架，每个背面都有一个柔软的线圈，确保新的连接安全承重并在干燥后再进行下一步的工作。

多重干燥期是设置负重连接的关键。干燥后，我测试了新的黏土壁架和钩子。为了测试它们，可以把干燥的手臂挂在干燥的架子上，在下面压上一些柔软的小团，把它们黏在一起，然后解开这些大的覆盖部分并改变它们的外形或框架。通过这种方式，你需要在最后一分钟进入内部进行修整或加固，一个大的形状很容易被撬开，但当它被完成时，闭合它也一样容易。例如，当一个大的干燥雕塑被打开的时候，通常更容易给它的内部涂上颜色和釉料。

大规模强化策略

在每个工作阶段的开始，评估作品结构的潜在弱点。在干燥时加固裂缝。增加更多的支撑体或加厚周围的承重连接，包括底部边缘。

在底座上使用垫片会提高大型作品的稳定性，当添加或减去部件，重心就会转移。垫片可以用保持松散状态的碎屑或干黏土块制成。它们很容易密封并能够在制作过程结束时与底座合并。注意底座的平衡和稳定性，可以防止薄壁或大型作品在高温燃烧时翻倒或塌陷。

干燥折叠的泥板事先制作好后，需移动到其他地方用软黏土进行现场黏合。先单片制作后组装是为了方便快速并且以简单的方式来改变或移动作品。

在烧制过程中，除非进行适当加固，否则组件的细颈有变形的危险。大多数大型窑炉都有集中的火力点，有可能发生意外导致过度烧制。我在作品的颈部和身体内部寻找空间，从上到下固定一根定制的干管，然后用厚厚的衬垫覆盖它，这条垂线是沿着左边的，等它干后，可以用纸泥浆或泥团完全覆盖我所添加和连接的部分，这样它们烧制之后是很轻的。

观察周围的一圈是否有连接的地方，注意它们在哪里，以及它们有多少。当被纸泥浆或软纸浆泥填满和覆盖时，它们将成为框架中的强度点。膝盖、脚和弯曲的部分显然也需要加强。

加固脆弱的部分

制作由薄的折叠板制成的躯干目的是支撑，有时可以使用其他策略从后面加厚或稳定薄的区域。选用已浸在纸泥浆中的纸浆泥条做成交叉的格子或线圈。

可以在内部支柱安装一个干燥的临时交叉支撑来防止大的直立板在窑内烧制中变形。当作品干了之后，在烧之前还需要检查底座、轮廓和其他区域是否只是比正常略厚。

大型结构的内部支撑

烧制时，大而薄的泥板拱跨的地方，比如脖子下面支撑着沉重的头的部分或者一块黏土板在薄的边缘直立并且中间向内弯曲的危险的地方，很有可能是脆弱并需要支撑的。

尽量预估窑内最高的热点产生变形的风险。例如，可以考虑建立一个脚手架支撑一个在大火中伸展的机翼，在作品烧成后再将部件移除。

所有关联部件都可以在干燥阶段建造、处理并且在测试和运输后被移除。

陈鹏飞（Allen Chen）
《转变中的铁锈：装置》，2010年
纸浆土和釉，烧制。这些工作从金
属丝框架和纱线结构开始，被多次
涂上纸泥浆，以制作外轮廓。作品
尺寸：33 cm × 33 cm × 25.5 cm
摄影：陈鹏飞（Allen Chen）

户外工作计划

如果作品要放在室外，则应考虑作品内部或外部结构是否需要排水路径。这样，雨水、冰或雪就会有一个出口孔，水就不会被困在隐藏的口袋或缝隙中。如果配方合适且烘烤得当，纸浆泥有较大可能在室外大温差变化时保存完好。但由于基本黏土和烧制方法差别很大，所以无法保证作品的最终效果。提前几次冷冻或解冻烧制过的纸浆泥和釉料样本可以帮助你对它们的抗冻范围有大致了解。

结构设计和修剪的注意事项

纸浆泥支架可以是美丽和整齐的结构。支架的部件可以完美地双边对称地优雅排列，可以像亚历山大·考尔德（Alexander Calder）的悬挂运动装置或雕塑一样具有对称和动态平衡，在支点上保持平衡。就像刺绣作品一样，用于支架的工艺程度可能非常高，以至于很难区分前后。任何合适的方法都可以，也可以用薄的纸泥抹平，然后用湿海绵擦拭。

但更具即兴风格的艺术家几乎不会对连接处花费过于多的心思，有时他们会把干燥的管子在纸浆泥中快速蘸一下，然后把它们黏在一堆杂乱的部件和零件中间。在缝隙中快速涂抹一层厚厚的泥浆就可以把零件固定在合适的位置。由于这些内部工作，正在进行制作的作品内部可能会在一段时间内看起来非常混乱。艺术家可以再用一层纸泥浆糊好并擦拭使覆盖的轨道整洁。

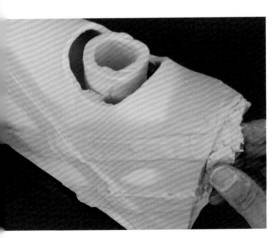

有时交叉晶格的强化支架可以当场临时搭建。将软皮革状态的纸浆土条浸入纸泥浆中，然后像胶带一样把它们涂在干燥的纸浆土板下面或上面，就像这件背心。干板上的水分会蒸发掉。作者正在进行作业
摄影：盖尔·圣·路易斯（Gayle St Luise）

瓷砖和壁挂

第九章

纸浆泥对于制作瓷砖、壁挂或壁画来说是很好的选择。因为它烧制后的重量更轻。一次烧制是可行的，因为干燥的可吸水陶器可以上釉。此外，即使是薄的、大尺寸的泥板也可以在干燥时进行修整和运输。大多数艺术家都想要一个薄的泥板，厚度大约 1～3 cm、6～8 cm 或更高。纸浆泥比例越高，砖也就越厚越大。高浓度的纸浆泥墙板可以烧平。在同一幅作品中，粗的纹理和深度（约 5 cm）可以放在薄的（1 cm）旁边。我们现在看到的是薄的、半透明的、瓷制的纸浆泥板和瓷砖，它们可以用绘画或浮雕的方式上釉，面板可以在柴烧或盐窑中烧制。

可以用传统的方法制作瓷砖或泥板，用手擀和泥板机等工具，把纸泥浆倒入石膏板中再倒进框架，或倒进、压入模具来制作泥板。

干燥的纸浆泥瓷砖或泥板足够坚固，可以被移动和处理甚至雕刻，并建立轮廓和层叠。它们未烧制的强度允许大泥板在烧制前被处理或竖立着。如果任何一块瓷砖发生了问题，它们都很容易被修理或更换。如果纸浆泥干燥的时候是扁平的，只要它被正确地烧成并在最初制作时被正确地处理，它通常会保持扁平。所有的切割、连接、改变和"湿—干"模型的方法都可以集成在同一块瓷砖中。除了可以用干湿

上页图：哈桑·萨巴兹（Hasan Sahbaz）
《地点——边界——人民》系列，2010年
纸浆泥制瓷，作品尺寸：
49 cm×46 cm×7 cm
摄影：埃尔达尔·图桑（Erdal Tusun）

右图：保罗·查勒夫（Paul Chaleff）
正在安装上釉面板，2010年
纸浆泥制炻
摄影：保罗·查勒夫（Paul Chaleff）

105

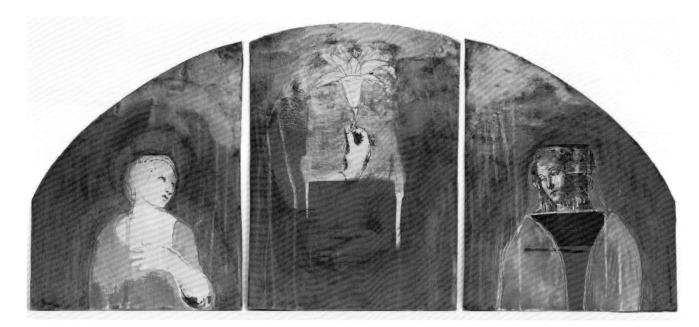

马瑞特·马克拉（Maarit Makela）
《光》，2007年
纸浆泥调制半透明瓷丝网印刷釉面图像，作品尺寸：
40 cm×98 cm
摄影：劳诺·特拉斯克林
（Rauno Traskelin）

法勾画和塑造浅浮雕之外，艺术家还可以将图像和描摹图纸转换到纸浆泥瓷砖上。它的表面可以被绘制、丝网印刷或像在油画布上绘画，无论它是干的还是湿的，或被绘制到任何阶段都是可以的。泥板制作的工艺不仅适合初学者用来绘制，也适合更复杂的专业项目。

规划瓷砖布局

在任何较大的项目中，墙面瓷砖的布局都很重要。一般情况下，首先要做一个完整的设计方案。通过这种方式就可以预期并整合整个过程的所有步骤，促进每个瓷砖的创建以适应可用的窑炉并很好地调整设计中的瓷砖轮廓模式。可以提前想出实用的运输、烧制和安装方法，对于大型墙砖或墙板，还可以考虑安装或拆卸它们的方式。不像填墙壁瓷砖那样固定，也可以在背面的尼龙搭扣条等。为了使完成的作品在整个使用过程中更容易清洁，可以使用光泽或半光泽的釉面完成。另外，灰尘在多孔的哑光表面上长时间的附着会使得有的作品看上去更好，有一些岁月的痕迹。当纸浆泥瓷砖在干燥阶段，背面可以接受安装定制硬件，用新鲜潮湿的泥条制作，并用"湿—干"的连接方式连接。

网格上的五个小正方形可能代表1米或者一个瓷砖可以用网格上的一个正方形来表示，所以如果壁画是4米宽，就可以画一个20个正方形宽的框架来表示这个尺寸。我用这个做最初的草图，把它按比例转换。通常可以做一个全尺寸的纸模板，可以把它放在软黏土的框架床上，或者把它放在地板上，然后在上面组装新瓷砖。有了纸浆泥，瓷砖可以不需要同时制作。

辛西娅·达尔斯特伦（Cynthia Dahlstrom）
《丛林舞会》，1998年
浅浮雕：线条与壁画设计相辅相成。边界是整洁的。等瓷砖干了以后，测试一下它们的配合程度。在这种情况下，艺术家在地板上做了一个模板。她规划好边界，把鸟和花安置好，然后在它们周围用马赛克这样的小瓷砖填充。干燥的纸浆泥易于处理，而且不变形
摄影：辛西娅·达斯特罗姆（Cynthia Dahlstrom）

因为泥在烧成后会收缩，所以在制作过程中泥的总体量比完成时的体量应该大一些。由于每个基础黏土的收缩程度是不同的，所以如果想要或需要精确地知道收缩的程度，可以在软的纸浆泥的测试瓷砖上画一条10 cm的线，等瓷砖干燥后，测量线条长度的变化，然后启动贴图，再次比较线条的长度。从湿到干再到烧制完成后的收缩一般在2%～20%之间，如果一开始就用10 cm的线进行实验的话，收缩很容易计算。在实践中，这意味着按照预期尺寸规划的纸浆泥瓷砖的框架布局将会缩小。如果制作的是一面固定在墙上的壁画，那么还需要在每个瓷砖之间留出足够均匀的空间，保证一定的间隔。

做一个全尺寸的框架，首先制作一堆软皮革状态的泥板或者用纸浆泥浆倒一个整块的泥板出来。理想的计划是让所有的瓷砖作为一个整体干燥（即使需要切割），保证在户外并且在一个如石膏一样的吸水性表面上操作。这有助于防止在干燥过程中单个瓷砖的边缘卷曲。

然而，在形成硬皮革状态之前，可以考虑用针或锋利的刀在黏土层上需要分割的部分划出切割线，等它完全干燥后再完成切割。然后，可以折断或切割干瓷砖，这样变形的风险很小。当纸浆泥干燥后可以安全地修剪和清洁边缘，并用湿海绵擦拭。为了获得更好的贴合感，可以再次在框架中制作瓷砖，每块之间留一点空间用于上墙填缝。

干燥的可吸收表面可以为进一步上光和着色做准备。或者也可以使用非线性方法添加新的连接和层叠。

大多数壁画处理方法和设计策略可以适用于纸浆泥，当然，许多涵盖这些方法的书籍是基于传统的黏土方法，所以在潮湿和硬皮革阶段之间的组装限制是具有假设性的。纸浆泥艺术家不必遵守所有规则！

使用框架和注泥浆

对于一个大的面板或壁画来说，木框架可以被用来浇注纸泥浆。这种方法可以混合高浓度的纸浆混合物，燃烧后变得很轻，而且这种方法可以跳过一些中间步骤，比如处理和制作需要合并在一起的软黏土板。

使用这种方法时，框架需要放置在一个水平且具有吸水性的表面，如石膏或水泥。将厚的、大约5桶的高浆泥浆混合在一起，然后在地板和工作台之间的接缝处压上一卷柔软的纸浆泥防止渗漏。然后将厚泥浆倒进框架中，再铺到边缘，深度至少为2 cm。

浇上之后，用探针或牙签检查几处黏土的深度，用测量线做标记。当它干燥后，柔软的纸浆土可以被切割成相扣的形状。在新的纸浆泥上放置一个网格或纸模板并在这个时候为瓷砖标记一些设计好的切线。

快速将表面呈硬皮革状态或干燥状态的新瓷砖从框架中取出，可以选择用泥浆

辛西娅·达斯特罗姆（Cynthia Dahlstrom）
壁画，1995年
在这里，弯曲的切割线加强了视觉主题，而直线切割线将观众的目光
引向人物所在的中心，作品进行中
摄影：辛西娅·达斯特罗姆（Cynthia Dahlstrom）

珍妮·亨利（Jeanne Henry）、塔斯·普韦布洛（Taos Pueblo）
《光》，2006年
纸浆泥，作品尺寸：38 cm×51 cm×5 cm
摄影：珍妮·亨利（Jeanne Henry）

在新瓷砖表面和框架的侧面涂上一层薄薄的泥浆，但确保在这个薄层完全干之后再
倒入泥浆。

潮湿墙板和干燥墙板的组合

柔软的褶皱可以和平面的泥板结合在一起，干燥的面板可以反复使用"湿—干"
工艺来制作。你可以整合其他适合的风格、方法来处理和操作。

一个干燥的茎状等（板轧制成管）部件被固定在一个干面板上。在茎形状完全
干燥后，再次制作新一层新鲜潮湿的叶子和藤蔓形状。树叶融入了整体画面，使二
维和三维之间可以流畅地过渡。必须仔细观察中间的部分，才能发现一块软皮革状
态的薄泥片已经被磨光滑，融入了干燥、平坦的表面，成为青蛙身体的一部分。此
外，画家在浮雕上用喷笔填充了适当的颜色。

使用模具制作壁挂

克劳斯·斯坦德穆勒（Klaus Steindlmuller）为一系列大型墙板准备了一套大型石膏干燥模具并备用了带有褶皱和折痕处理的瓦楞纸箱。在泥浆软皮革状态下，他的纸浆泥墙板从石膏纸板上印出纹理的印痕。他用彩色的陶瓷釉装饰黏土表面。

插入马赛克

干燥的马赛克块、釉面陶瓷或纸浆泥可以直接插进高浓度泥浆里。让倾倒下来的高浓度泥浆在周围的碎片干燥以固定在适当的位置。然后灌注或刷一层新的高浓度泥浆来填充周围的缝隙并平整地插入缝隙之间。用湿海绵擦去马赛克顶部多余的泥浆。

所有形式的黏土和纸浆泥都可以放进泥浆或者加入到软的干燥的纸浆泥中。一些艺术家还会放置金属丝、金属、玻璃珠或大理石，以产生熔化的残留物、破碎的玻璃水坑、闪烁的烟雾痕迹或其他特殊的燃烧效果。比利时艺术家特蕾莎·勒布朗利用种子并且采用了这种多层马赛克的方法，种子燃烧后形成了非凡的表面纹理。

在一些纸浆泥墙板上，我直接在一个大的薄墙板的湿纸浆泥里嵌入了上过釉的罐子碎片和小人物碎片。作品干了后就可以上色。

家庭"特色"瓷砖

并不是所有的艺术家都会制作大面板，制作小瓷砖的原理和大面板是一样的，比如手工制作的家用"特色"瓷砖。它们可以放置在工厂瓷砖之间，也可以独立使用。

如果不使用注浆法，可以用切割线从软的纸浆泥上切下又厚又平的一块泥。用擀面杖制作纸浆泥版。防止泥板粘在潮湿表面的简单方法是经常翻转并且养成轻轻地把泥板放置在干燥地方的好习惯。

理想情况下，将皮革般柔软的纸浆泥放在石膏表面，变成合适的硬度后待其完全干燥。石膏的底部会吸干水分，而顶部则在室外干燥。为了让空气在石膏下面流通，用一组砖块或木栏杆支撑它。

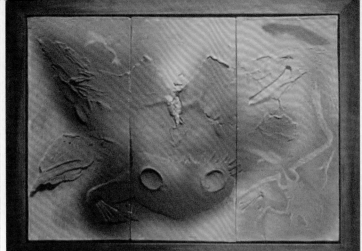

上图：卡罗尔·加斯金（Carol Gaskin）和彼得·贝里（Peter Berry）
《青蛙精神》，1995年
三联画纸浆泥制瓷，低浮雕，单次烧成。薄如纸的皮革软板被添加到平面和干燥的面板上，然后用喷枪涂抹上釉，作品尺寸：1.82 m × 3.05 m × 0.1 m
摄影：卡罗尔·加斯金（Carol Gaskin）

右中图：克劳斯·斯坦杜穆勒（Klaus Steindulmuller）
纸浆泥制瓷墙板，1993年
瓦楞纸板压印的纹理作为表面装饰。作品尺寸：102 cm × 76 cm
摄影：罗斯特·高尔特（Rosette Gault）

左下图：罗斯特·高尔特（Rosette Gault）
《门上的光》，2012年
纸浆泥制瓷，用半透明的瓷土制成，并嵌入到纸浆泥框架中。用于窗户的陶瓷嵌板模型，作品尺寸：38 cm × 20 cm × 10 cm
摄影：罗斯特·高尔特（Rosette Gault）

右下图：马林·格鲁姆斯特（Malin Grumstedt）
《绿叶》，2010年
镶嵌陶瓷的彩色纸浆泥制瓷，作品尺寸：17 cm × 17 cm
摄影：约翰娜·诺林（Johanna Norin）

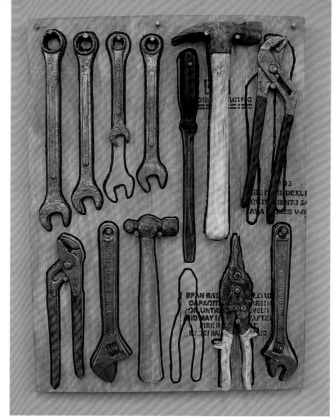

左图：罗根・马纳斯
（Rogene Manas）
《预知》，2010年
纸浆泥和混合材料，作品尺寸：51 cm×40.5 cm
摄影：罗恩・多布罗斯基
（Ron Dobrowski）

右图：大卫・弗曼（David Furman）
《万物之地Ⅱ》，2011年
纸浆泥制瓷板，作品尺寸：61 cm×46 cm×2 cm
摄影：大卫・弗曼（David Furman）

虽然可以在新瓷砖干燥时开始创造纹理或添加底釉及面釉，但要抵制把它提起来的冲动，因为这会给硬皮革状态的纸浆泥板造成压力。如果一定要移动它，可以向侧面滑动。在移动、整理边缘、修剪和干燥后上色，作品会更加坚固和稳定。

绘画与雕塑的结合

纸浆泥瓷砖和面板创作允许陶艺家融合绘画、雕塑和浅浮雕技术。使用纸浆泥，就可以有时间处理轮廓的表面细节以创造错觉效果。

在绘画中使用陶瓷釉可能是一个挑战，因为第一次用的时候，烧制过程中的陶瓷釉可以改变颜色。需要经验来掌握釉下彩和釉烧后的情况。花时间在这方面的艺术家可以通过在纸泥板或壁画上画画来创造类似幻觉的图像。加斯金（Gaskin）和贝里（Berry）创作的壁画就是一个合并雕塑和绘画的实例；珍妮・亨利（Jeanne Henry）壁挂作品的探索方法则是创建深度的幻觉图像和消失点，即使面板或瓷砖在现实中只有几厘米深；大卫・弗曼（David Furman）的壁挂则采用了釉料而不是颜料这一种传统材料来绘画。

陶瓷复制品中的釉料相比普通的油或丙烯酸颜料可以为作品提供更多的特殊效果，也可以结合融入纸浆泥和纸浆薄片的新纹理，嵌入上釉的作品、版画，以及各种可以想象到的部分。

格里·林塞特（Gry Ringset）
《声音面板》，2012年
高温纸浆泥制半透明利摩日瓷和骨瓷，
作品尺寸：2 m×36 cm×64 cm
摄影：格里·林塞特（Gry Ringset）

珍妮·亨利（Jeanne Henry）
《巴黎圣母院和薰衣草田》，2003年
纸浆泥制炻，浅浮雕墙板，作品尺寸：
63.5 cm×43 cm×6.5 cm

"为了传达一英里的距离、深度、透视
和平面之间的空间，必须有一个小心的
角度或削边。细节修剪的边缘、色彩、
阴影增加了这种错觉，就像在绘画中一
样。我的素材库由超过100种商业陶瓷
着色剂和天然泥土氧化物组成。有些是
在旅途中从地上收集来的。着色剂是用
刷子或海绵在干燥的纸浆泥上分层。单
次烧成，6号锥，还原烧成。"
摄影：珍妮·亨利（Jeanne Henry）

第十章

表面处理、精细加工和上釉

像传统黏土一样，纸浆泥表面和饰面在外观上可以是光滑或粗糙的，可以是任何颜色。纸浆泥表面同样也适用传统黏土陶瓷上釉和烧制方法。单独使用或结合使用都可以。不同的技术从纸泥浆阶段开始直到烧制前都可以用来制作表面的肌理。层和纹理可以建立、精细雕刻或擦掉。颜色可以在任意时机被应用、洗掉、擦除。和传统陶瓷材料一样，烧制的纸浆泥也会继续涂上额外的颜色和釉料。

对作品表面进行精细加工和上色的工作量是巨大的，所以这里只是讨论一些可以适用于纸浆泥的基本原则。不像颜料，看到的就是得到的，陶瓷颜料在窑里会改变。问题是它们会改变多少？这里介绍一种简单的方法来创建和定制一个可靠兼容的颜色、纹理和釉的调色板，它可以与纸浆泥相匹配并且适用于小工作室。定制调色板优点是有助于降低釉彩的成本，使艺术家可以在湿的、软皮革状态的、烧制好的干的纸浆土上即兴发挥单层或多层釉彩。人们可以用各种各样的颜料和清漆涂在干燥的纸浆泥上，但这些颜料和清漆是不可能在窑中燃烧的。

对于上釉和精细加工，有两种技能需要靠花时间来掌握。一是如何控制刷子和使用的工具；二是如何调节刷子或施釉工具上的釉料黏度（或含水量）。

单一的颜色如果涂得薄厚程度不同或者涂层位置不同，看起来都会不一样。熟练的艺术家必须协调选择，如刷子的大小和形状、海绵、喷雾或倒杯、颜色的数量、类型、混合方式和浓度，以及调整与黏土接触点的刷颜色力度。这个技巧比绘画更复杂，除非使用低温的瓷器颜料且使用釉上着色的方法，否则这都是不可预测的。在高温烧制的过程中，画笔上的颜色会变化和融化。这是具有挑战性的，也是非常值得一试的。完成一件陶艺作品是需要一定时间的，它需要我们有足够的坚持、耐心和实践。

上页图：盖尔·里奇（Gail Ritchie）
《主持研究》，2010年
纸浆泥烧制，作品尺寸：大约
51 cm × 28 cm × 30.5 cmm
摄影：盖尔·里奇（Gail Ritchie）

 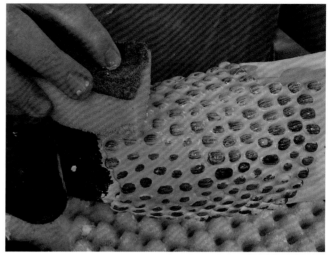

左图：要获得光滑的铜绿，把干燥的纸浆泥弄湿，然后刷上薄薄的一层土（或者只是超薄的纸浆土泥）。擦亮两层之间。用一个非常薄的塑料袋、一块光滑的石头或者一个勺子的背面摩擦和压干燥的纸浆泥表面
摄影：梅丽莎·格雷斯·米勒（Mellisa Grace Miller）

右图：特蕾莎·勒布朗（Thérése LeBrun）
种子黏在湿滑处，然后晾干。在种子周围填上新的一层新的泥浆并用湿海绵清理干净多余的泥浆。结果是一个带有微妙的种子空隙的烧成半透明的表面。创作进行中
摄影：保罗·格鲁索（Paul Gruszow）

光滑的表面

用光滑的陶瓷釉给作品上釉很容易获得光滑的表面。若釉下有纹理，则有部分釉料熔化，进一步突出纹理，其他的则会填满空隙或完全覆盖住纹理。在纸浆泥是软皮革状态时，通过反复拖动金属或用橡胶刮片在表面摩擦就可以获得一个光滑的表面。翻模出来的纸浆泥会有一个光滑的表面，同时也能够有很多细节。

如果干燥的纸浆泥作品表面不小心出现刻痕，用可弯曲的金属刮片或刀片的边缘迅速刮掉，然后用湿海绵擦拭以软化和修整。如果坚持用湿海绵擦干纸浆泥，则会出现绒毛，但这些绒毛会在火中被烧掉，或者干后被擦掉。虽然一些艺术家喜欢被侵蚀的软纸浆泥表面的这种效果，但可以通过在表面涂上一层新的黏土或纸泥浆来实现，或用柔软的、金属的、直边的刮片或刀片刮擦干燥的纸浆泥而变得光滑。

一些艺术家希望在哑光的纸浆泥制瓷器上有一种不那么光滑的光泽。若要达到这种效果，可以用湿海绵轻轻擦拭或用抛光工具，比如用勺子的背面、一块光滑的石头或一块薄塑料袋在两次抛光之间刷上一层薄薄的含有彩色陶土的干燥纸浆土（赤土是一种非常薄的黏土，用清水在未烧过的黏土表面上冲洗，摩擦后会发出柔和的光泽）。如果表面有一点水分，摩擦过程会压平纤维素纤维、密封和压缩微小的黏土颗粒，创造出有光泽的最上层的纸浆泥。

因为打磨过的纸浆泥表面质地非常密，它们比普通的干燥纸浆泥吸水率更低，所以一些釉料不容易附着上去。如果想在打磨过的表面上做"湿—干"的连接，一定要重新弄湿并刮毛表面。

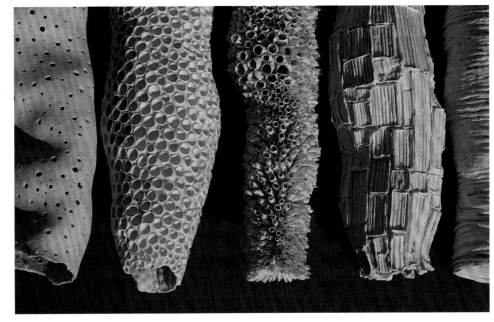

左上图：琳达·萨维尔（Linda
Saville）
椰子纤维的碎片被浸泡在纸泥浆里
形成的效果，2009年
烧制形式是熏烧，乐烧风格。椰子
很早就烧坏了，但在纹理上仍能看
到金属光泽的残留物
摄影：罗斯特·高尔特（Rosette
Gault）

右上图：在模板上刷上纸浆泥，在
干燥的纸浆泥片上制作表面纹理
摄影：罗斯特·高尔特（Rosette
Gault）

下图：特蕾莎·勒布朗（Thérése
LeBrun）
《豆荚形式的种子》，2008年
种子被挤压后留下空隙，作品尺寸：
30 cm × 12 cm
摄影：保罗·格鲁索（Paul Gruszow）

表面纹理整合

可以在纸浆泥上印上橡胶邮票、树叶、纸浆泥邮票或花边，当纸浆泥干燥时，
这些纹理会加深。例如，可以用扇形刷蘸纸泥或非纸泥翻模用的泥浆、釉下颜料、
釉或注浆泥，在干燥的纹理上制作新的肌理层。以这种方式构建的纹理可以用修补
工具雕刻下来，在干燥时得到又薄又脆的泥片。

纸泥浆为陶瓷作品增加了新的表面纹理，各种各样的纹理例如纸、粥、水、漩涡、河流、波峰、蛋糕糖霜、毛簇和许多其他效果都能够被制作出来。调整纸泥浆中水的量，得到一个厚的糊状物，就可以达到这些效果。也可以把纸浆泥变成纸泥浆。高浓度的泥浆将干燥得完好无损，没有任何裂缝。如果干燥过程中想得到有意开裂的纹理，则可以减少泥比例中的纸浆含量。

为了获得更复杂的纹理，艺术家们将椰子纤维、锯末、草、种子、大米、面和其他有机可燃物搅拌到纸泥浆中，再将得到的混合物作为稠或稀的糊状物涂在表面上。

颜色

源自矿物质的陶瓷颜色在烧制时是稳定的。尽管来自植物的色素、颜料和染色剂也会提供颜色，但在烧制后它们往往会变白或烧毁。

纸浆泥适用于多种作品，无论是否需要烧制完成。有些作品不需要陶瓷的持久性或者附近没有窑炉。所有的颜料、油、丙烯酸、乳胶、污渍甚至鞋油都可以用在纸浆泥上且不需要被烧制。未燃烧的表面可能需要一层防水和防潮的覆盖层并为喷涂颜料做好准备。游艇码头、汽车和建筑行业的涂料，如聚氨酯涂料和防水密封胶涂料，都可以用于喷涂纸浆泥。

陶艺家、陶工和雕塑家面临的挑战是找到最适合作品形式的表面效果。当考虑颜色时，要记住的一般原则是：对于一个有很多细节的复杂组合形式，不需要添加太多的表面颜色。对主要概念的干扰，保持釉面简单。相反，非常复杂的表面和绘画效果可以在简单的几何形式上增强，如平板、盘子、盒子、锅或球体。

玛丽亚·奥里扎（Maria Oriza）
《笔》，2010年
含红泥和钴氧化物的纸浆泥调配制的炻器，作品尺寸：29 cm×65 cm×16 cm
摄影：玛丽亚·奥里扎（Maria Oriza）

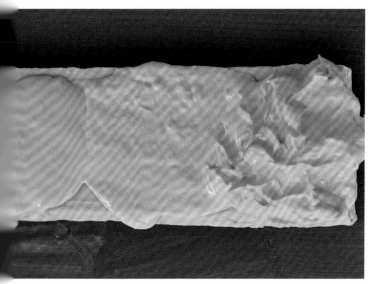

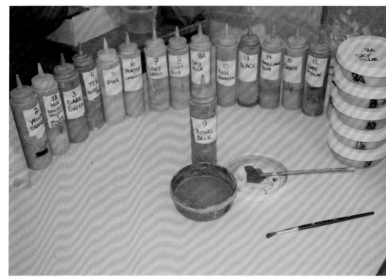

左图：改变水含量对纸泥浆的影响

摄影：罗斯特·高尔特（Rosette Gault）

右图：把十几种浓缩颜料装在有盖的瓶子里，然后根据需要倒进碗或杯子里混合和稀释。在稠度够厚的情况下它们就是不透明的。用水稀释后，它们可以是半透明的。如果用白色调薄，它们会有一种更柔和的色调。如果需要更多颜色可以将它们组合在一起，或者将它们在湿、干或烧制的纸浆泥上多层应用。每一种颜料都是由简单的黏土加的混合物组成的，我个人会尽量利用高温色剂和高温金属氧化物。烧制时，它们有点像商业釉下彩颜料。如果需要一个高光泽的表面，可以用透明釉在上面

摄影：罗斯特·高尔特（Rosette Gault）

陶瓷釉和釉底料

　　陶瓷材料中稳定成熟的釉色也同样适用于纸浆泥。这包括商业釉、釉下釉泥、陶瓷染色剂或金属氧化物，这些都可以在烧制前用手或者更常用的方法是用海绵、刷、喷、浸或倒在浓釉上。光泽釉会很好地融化成光滑、不透水、易于清洁的表面。没有釉，纸浆泥在烧成后通常无光泽。可以试烧一个样品，以此来了解纸浆泥和釉的组合会呈现的效果。商品釉料和陶瓷釉料是为配合基本的黏土坯而准备的，分为三种烧成温度：低温（陶器、赤陶、乐酷）、中温和高温（瓷器和石器）。

　　由于干燥的纸浆泥是具有吸水性的，可以直接向其施釉，所以可以考虑一次烧成。这意味着可以把釉直接涂在干燥的纸浆泥上，如果在干燥的纸浆泥上出错了，可以小心地清洁它：把釉料从干燥的器皿上擦去。但如果作品上的可操作区域很薄，要注意水的用量。

　　纸浆泥的颜色和染色剂及传统黏土一样多。用各种各样的烧制方法可以得到不同的效果，甚至可以得到玻璃般的光泽。当在处理有纹理的表面时，陶瓷釉有时会分解成两种或两种以上的颜色——一种是浅色的，另一种是深色的。除了釉面本身，任何一种烧制方法都会产生不同的效果，常见的烧制方法包括氧化法、还原法、木材烧制法、煤气烧制法、电烧制法、乐酷烧制法、盐烧制法、苏打烧制法、坑烧制法等。

　　用纸浆泥可以在制作过程中随时给作品涂上釉下、泥上、釉上的陶瓷色彩，这比给普通黏土上色制作步骤更方便简单。为了使两部分的颜色之间有一个干净的边界，在连接它们之前，要分别在干燥的部分上涂上釉料。当所有的东西都干后，用修整刀、针或海绵就可以很容易地修剪边缘。

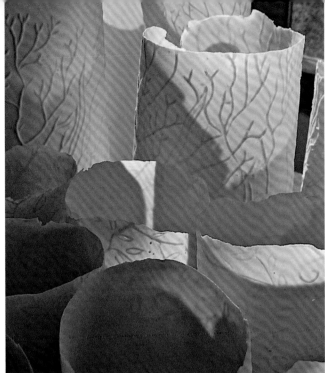

左上图：艾利特·阿巴（Irit Abba）
《收集》，2004年
纸浆泥制瓷，作品直径：35～40 cm
摄影：塔玛尔·戈德施密特（Tamar Goldschmidt）

右上图：辛西娅·加维昂（Cynthia Gavião）
《图像8系列》（细节），2008年
纸浆泥制瓷
摄影：辛西娅·加维昂（Cynthia Gavião）

下图：冯·威廉姆斯（Jon Williams）
单火上釉。纸浆泥器皿坚固且吸水性强，可将陶瓷釉料短时间浸渍、
喷涂或刷涂其上，作品制作中
摄影：罗斯特·高尔特（Rosette Gault）

建立陶瓷表面调色板

　　艺术家将最终开发出一种可靠的"调色板"，用于色彩、釉料和表面处理，这是他们独特的"财富"，当然，"调色板"需要与纸浆泥兼容。纸浆泥对材料选择不受限，但在完全掌握这些上色规律之前，许多结果是不可预测的。一些艺术家喜欢富有变化的釉色，当他们打开窑炉时，会感到惊喜。在陶艺制作中，利用窑炉实现釉色丰富的变化是很常见的。窑炉气氛的变化会对某些颜色产生很大的影响。例如，一种釉料在电窑中氧化后呈浅铜绿色，在还原烧煤气或木窑中就会变成红色，甚至有金属光泽。

　　还有一些人更喜欢用简单绘画的方式来使用陶瓷颜料，至少在开始的时候，能够更好地控制最终的结果。如果是用这种方式，请确保在整个上釉的过程中尽可能

上图：斯蒂芬妮·泰勒（Stephanie Taylor）
《收藏》，2011年
纸浆泥制作的马赛克，作品尺寸（每个结构）：约2.75 m×91.5 cm，作品制作中

涂抹颜色。将一张扁平的明信片图像按比例放大并转化为雕塑时为了获得透视图的错觉，颜色和轮廓的变化是必须的。是在零件连接之前进行釉下着色

左下图：珍妮·亨利（Jeanne Henry）
作品制作中，墨西哥的奥克萨堪（Oaxacan）修道院，作品尺寸：46 cm×43 cm×33 cm
摄影：珍妮·亨利（Jeanne Henry）

在干燥部分预先涂上釉下彩或釉料，等平铺的瓷砖干透，用纸浆泥条封住接缝。如果需要，在接缝干燥后修剪

右下图：乔伊斯·森托凡蒂（Joyce Centofanti）
作品制作中
摄影：乔伊斯·森托凡蒂（Joyce Centofanti）

多地进行练习，以减少不可预测的变量。学习调节釉料的含水量是关键的一步。如果在干燥的纸浆泥上涂釉，表面可以用锋利的针、刀片或锯齿纹来刻划以增加更多的纹理。颜色的边缘可以用清晰的线条雕刻出来。干燥后，可以再次用干净的水洗表面，让下面的颜色显露出来。颜色可以通过素烧或烧结来确定。可以在不喜欢的颜色上用不透光的釉色来进行覆盖。如果颜色薄，就会显示出下面的部分或全部颜色。如果你想要一个有光泽的表面，只需刷上或蘸上一层透明釉，也可以将作品烧到更高的温度使颜色进一步融化。

方法概述

因为需要精准地了解陶瓷颜色和纹理制作的方法，我希望选出的颜色可以与纸浆泥兼容。我想出了一个简单的装饰方法，包括在纸浆泥上应用定制的彩色泥浆。最后，可以在哑光的颜色上涂上一层透明的有光泽的釉。当想要闪光效果时，可以将它们与稳定的颜色相结合：一种安全和危险相混合的上釉方法。如今，在世界许多地方，有适用于纸浆泥的可靠的商业釉下彩和釉料出售。那些想要更多地了解黏土和釉的相互作用的人可以创造出自己的釉下彩。

可以先把厚而不透明的陶瓷颜料从瓶子里倒出来或者把不同的陶瓷颜色混合在一起来改变陶瓷颜色的强度和色调。陶瓷颜色可以用于任何处于湿润阶段的纸浆泥，但在干燥时，它们像颜料一样可以无限次地调整和加固。任何陶瓷颜色，一旦烧制，将不能被改变。但如果不满意烧成颜色，可以在素烧阶段修改或完全覆盖一层新的颜色或用海绵清洗掉上面薄薄的一层颜色再素烧一遍。如果这种情况来自同一颜色则在上釉之前看一下这个问题是否得到了解决。透明的光泽釉涂层会对无光底釉的色调产生一定的影响。如果把素烧好的釉下彩弄湿，水的闪光会像光泽釉一样。

最重要的是，可以用这种方法调节表面纹理的效果，这些效果可以是在哑光、缎面哑光和光泽之间变化。可以先做一个黏土和釉料的基本混合物，根据需要融化一点或很多这种基本混合物。为了避免脏乱和灰尘，建议在小工作室里只混合潮湿的原料。可以用简单的杯子而不是天平来测量粉末，这样可以节省时间。

更常见的是，无论是湿黏土还是干黏土，都在素烧前涂上一层层的颜色。当然，也可以在素烧后涂上，用于补色、覆盖层或制作特殊效果。在烧制前应用的一个好处是，如果应用的颜色是干的，就可以用针或羽毛工具给已干燥的釉底料和釉做出独特的纹理效果。

制作过程

要混合自己的一套釉下彩可以从三种基本原料开始：黏土泥、透明釉和着色剂（来自陶瓷染色剂或矿物氧化物粉）。对于黏土，可以使用低温或高温浇注泥浆，这种泥浆与纸浆泥所用的基础黏土能够相容（或相同）。可以混合或购买同一种透明的

色彩调色板可以组合在一起使用。用刷子将颜料涂在干的纸浆泥上一次烧制。我使用了50/50的浇注泥浆和透明釉形成白色基础纹理。在涂上有色涂料后，浸透到下面的内涂层中，就会在烧制过程中与之熔化。如果先涂上有色颜料，然后再涂上薄薄的白色底漆，表面的颜色会稍微褪色。一层透明的光泽釉通常会使下面的颜色变亮。可以混合搭配以获得特殊效果，测试不同的颜色来获得满意的结果

摄影：罗斯特·高尔特（Rosette Gault）

釉料，建议先测试以确保它能很好地融化在基础黏土上。将液态黏土和液态釉料搅拌在一起可以制成一种万能的白色底料。按比例添加的釉面越多，看到的表面融化程度就越高，越有光泽。

颜色的部分和发展

如果使用了白滑石，那么这种"基础"混合物在焙烧时通常会变白。搅拌合适的陶瓷染色剂可以得到一种新的底色。在这里，可以根据自己的喜好定制彩色调色板。检查着色剂产品的成分（通常着色剂以粉末形式装在一个小袋中）以确定合适与否。

测试和了解合适的黏土并烧制到理想的最高温度。许多颜料可能会无法通过这项测试。

如果你是初学者，可以从简单的尝试开始。只用两种颜色（暗色调和浅色调）混合和搭配，它们的厚薄分层都会产生惊人的变化。然后，在调色板中加入一些颜色组的选择：一些深浅不同的蓝色、绿色、红色、黄色、橙色等，再加上黑色和白

有光泽的透
明陶瓷釉

被水稀释
的黏土

将一些透明光泽釉搅拌到注浆泥浆（或向用水稀释的浅色烧制黏土中搅拌一些透明釉）中。选择与基础黏土兼容的透明釉。加釉越多，火烧后融化的表面就会越软越有光泽。釉加得越少，效果就越黯淡
摄影：盖尔·圣·路易斯（Gayle St Luise）

色。如果需要，可以将其中的一些混合在一起，得到自己的特殊色调，但要记录测试内容以便重复测试。也可以改变所需的表面效果，从哑光、光滑、富有光泽，都可以通过改变黏土和釉的比例做到。

从上到下看测试砖可以看到最上面一排（测试1）是透明釉，没有黏土。商业品牌的锥烧温度评级为04，刷上去时呈绿色，液体从瓶中流出时呈绿色，如图左上角的小杯子所示。有些透明釉看起来是白色的，有些是蓝色的。许多商业釉料在涂得很薄的时候都能烧6号锥。

第二排（测试2）是1：1的液体混合物（一半釉，一半泥浆：罗斯特的作品选用的是50/50）。在图片瓷砖C区第二排中，烧制前使用的刷状纹理（瓷砖B）在烧04锥处略微软化，但在烧6号锥处完全融化。第三排（测试3）是1：3的混合物（1个单位的液体釉和3个单位的注浆泥浆）。拉丝的釉面纹理不像测试2在04号锥熔化那么多。一些地方出现了小裂缝，但在6号锥处，纹理已经开始融合并失去了一些纹理细节。

下一排（试验4）为无釉低温注浆泥浆。在左下角的样品杯中，素色浇注泥浆看起来是深灰色的，可以不加釉刷上去。当它是干燥的亚光效果时，便是没有很好地熔化本身。当过烧时，如在4D瓷砖中，表面开始破裂，但其他类型的瓷砖高温或低温情况下黏土却会融化成液体。

在这张图中，从顶部的全釉光泽到底部的哑光黏土泥浆组合中展示了无釉低温注浆泥浆熔化后的多种可能结果。那些想要更精确的人可以改变混合物中黏土和釉料的比例。从B、C和D栏中，可以看到随着釉料与黏土的比例减少而发生的变化。通过读数，可以比较温度升高时纹理和表面的变化。

结果

一旦掌握了调节釉料熔化的简单原理，就可以通过微调结果来创建一个自定义的外观，作品独特的表面将变得像笔迹一样独一无二。如果提升熔化的程度，则

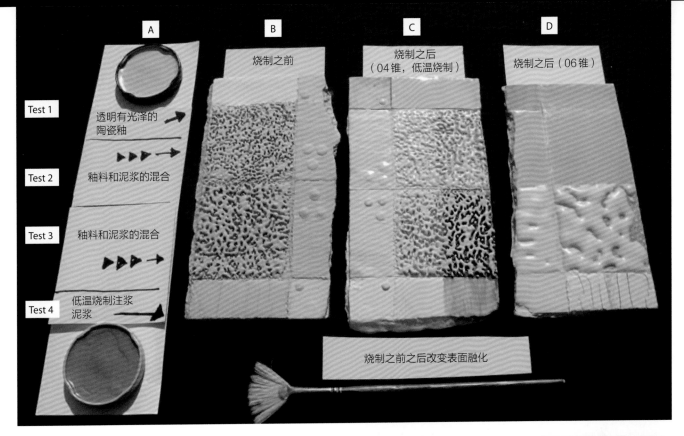

上图：黏土和釉料（烧制前后）
图片中展示了低温和中温烧成后釉面效果的烧成预览图。从逻辑上讲，温度越高，釉融化得越多。如果想要更平滑地融化，则要加入更多的釉，如测试2。如果想要一个亚光的表面，可以减少釉面，增加黏土
摄影：盖尔·圣·路易斯（Gayle St Luise）

下图：测试颜色：它们在世界各地有所不同。通过绘制样品条纹和点燃后用施釉和不施釉的效果来比较发色效果。釉彩涂层会加强一些色条的颜色，有时会使它更柔和。提高烧成温度也会引起颜色的变化。这里，顶部比底部烧得更热，所以也可以看到颜色是如何变化的
摄影：罗斯特·高尔特（Rosette Gault）

要添加更多的釉或提高烧成温度，减少釉料或降低烧成温度可降低熔化度。这为您提供了多种灵活性。同时，也可以测试一些其他的釉和泥浆的比例（也许4：1或5：3），因为这些也能帮助你更好地创作。

使用扇形刷或海绵，分层涂抹釉或泥浆可以建立更多的效果和纹理。

艺术家在了解一些陶瓷釉和黏土背后的组合原则后会发现很多选择。其实，许多现成的釉料和工作室制作的釉料都是可靠的，并能与纸浆泥兼容。特别是当基础黏土与表面颜色和纹理处理中使用的基础滑石相似或相同，并且透明釉料经过测试且熔化良好时。

烧窑及烧窑前的准备

第十一章

　　无论是选用氧化还是还原、高温还是低温、燃气还是电窑，纸浆泥烧制就像传统陶瓷一样。除了它可能会轻一点，最终的结果将几乎与传统陶瓷难以区分。重要的是使用纸浆泥为釉和基础黏土找到最好的温度。烧制，以及如何装窑本身就是一种艺术。

　　纸浆泥可以露天干燥，也可以通过加热烘干等使其强制干燥。在烧制之前，水分和空气很容易纸浆泥的纤维素纤维网络中穿过。通常，在烧制后，纤维素纤维网络的空隙会继续让水分和空气通过。这些孔隙的玻璃化程度和逐渐闭合的程度在不同的基础黏土中也是不一样的。正因为如此，在某种程度上纸浆泥作品可以比传统黏土经受更高程度的温度变化。纸浆泥的本身通常可以抵御乐烧和其他戏剧性的烧制方法。纸浆土窑也很流行，但关于它的制作超出了这本书的范围。

上页图：罗斯特·高尔特
（Rosette Gault）
《大地之歌》，1999年
高温焙烧纸浆泥调配制瓷。这张照片是在西雅图冰冻、解冻和降雨的户外环境中拍摄的，作品尺寸：122 cm×58.5 cm×23 cm
摄影：罗斯特·高尔特（Rosette Gault）

右图：朱莉娅·内玛（Julia Nema）
《半透明碗》，2004年
纸浆泥制瓷，烧至1 360℃
摄影：罗斯特·高尔特（Rosette Gault）

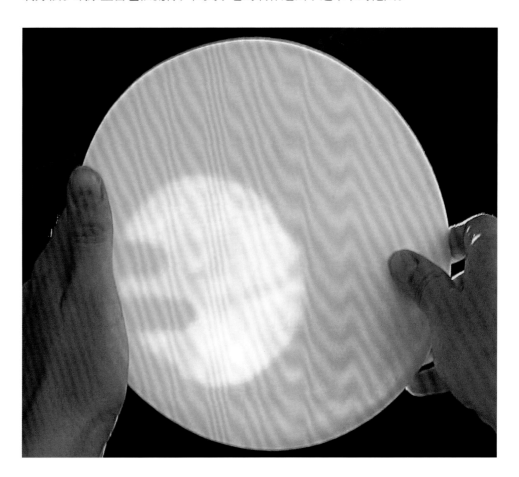

在烧制之前

对于绝大多数烧制方法，在烧制前黏土必须完全干燥。为避免黏土没有完全干燥和创造出蒸汽，窑的预热实践工作要几小时。保持温度低于水的沸点，这有助于确保烧窑时窑内温度的稳定。

由于我倾向于使用非线性和快速干燥的装配方法，在大部分后期的外部工作中，内部元素基本上是干燥的，并且可以在工作期间反复干燥。这意味着可以自由使用更短的预热和烧制周期，比如预热2～3小时或更少，这取决于作品的大小。我更喜欢纸浆含量相对较高的混合物，它可以承受快速烧制的周期。如果作品规模小、干燥且壁薄，2～3小时为宜。如果在制作过程中天气潮湿或者如果作品的壁很厚，那么预热的时间就要加倍。

如果更喜欢采用传统的慢干方法，即在软皮革状态进行连接和组装，即使作品壁是均匀的厚度，这种做法也不一定更安全。然而，如果你对潮湿或潮湿的内部有疑问，那就采用一个传统的长时间低温预热循环，即晚上8～12小时或更长时间，以确保作品内部真正干燥。硬皮革状态的结构需要一段时间才能完全干燥。

由于纸浆泥混合比例、创作手法和气候条件的不同，干燥的纸浆泥真的没有精确的规则。但是，当了解预热和干燥过程的计时原理后，就可以做出更好的决定。

左图：保罗·查勒夫（Paul Chaleff）
大罐正在分段组装进窑
摄影：保罗·查勒夫（Paul Chaleff）

右图：朱莉娅·内玛（Julia Nema）的学生
在一个窑炉中，像这样危险的形式（前景）的装窑，有可能会让作品变形。为作品建立临时支撑，以防万一。预计在接近基础黏土熔合温度的温度下，能从观火孔看到剧烈运动。薄胎质纸浆泥可以用10号锥，最好用8号锥烧制试烧。为了避免烧窑时出现窑内部分热度集中，尽量均匀地装窑。莫里亚纳吉艺术设计大学，布达佩斯
摄影：朱莉娅·内玛（Julia Nema）

伊丽莎白·勒雷蒂夫（Elizabeth Le Retif）
烧制过程中的纸浆泥调配制作的炻器被暴露在露天环境下以获得特殊的釉色和表面颜色，这是乐烧的一种方式。像这样炽热的作品可以用长金属钳或热手套来移动。
摄影：帕特里克·麦克（Patrick Mac）

瓦利·霍斯（Wali Hawes）
《手、五个手指、五大洲》，2011年
纸浆泥烧制活动，有来自奥巴涅陶瓷学院的学生参与，作品尺寸：2.5 cm × 150 cm
摄影：西尔维·佩罗蒂（Sylvie Perrotey）

因为纸浆泥制作出来的作品和耐火材料一样坚固，它可以承受热冲击，所以它也被用于表现火的行为艺术，如尼娜·霍尔（Nina Hole）的火塔。篝火和烧制过程是一个社区活动。公众被邀请见证小心地拆除和打开热的耐火纤维毯子，暴露出一个炽热的塔的形式的发光雕塑
摄影：尼娜·霍尔（Nina Hole）

计划高温烧制

　　很少有窑能够均匀受热。如果窑的温度比计划的要高，传统黏土和纸浆泥都有可能在薄的地方变软。每一种黏土都是不同的，所以了解纸浆泥反应的唯一方法就是测试它。如果要烧制大的未素烧过的瓷器雕塑，请将作品放置在较冷的地方，然后用8～9号锥烧制。常见的错误仍旧会影响纸浆泥的反应。例如，基泥或釉的配方错误、釉的应用不佳、在窑内放置不佳、烧得不足或过旺、干燥程度不够、温度的上升和下降、设计或工艺不佳。

半透明纸浆泥调配瓷土

　　当温度接近基础瓷土的熔点时，薄胎的瓷器或炻器会在一段时间内变得柔软而像玻璃一样。在这段作品质地十分脆弱的时间甲，纸浆泥结构必须承受向下的重力，在长时间的木材燃烧中，这段时间可能会持续5分钟或数小时。厚胎的陶瓷或炻器的黏土可能不会软化到这种极端的程度，但薄胎会。如果胎壁足够薄，每一件陶瓷作品胎体都会是半透明的。必须从经验中学习正确的纸浆泥配制泥土的温度和烧制时间。在高温下长时间浸泡可能是不明智的方法。

窑内放置

　　资深的陶艺家发现，水平的窑架会对作品有较大程度的影响，特别是对于需要在高温下烧制的薄壁作品。当纸浆泥接近玻璃温度时，薄黏土壁首先开始软化。如果温度保持在高水平或还原气氛数小时，站在不平整表面上的作品可能会有变形的

在高温烧制过程中，靠近玻璃化点的薄瓷有塌下来的危险。可以在手臂下面和附近临时搭建一些稳固的支架用来捕捉或限制窑内的移动。在人物的手臂和下面的支架之间可以留有一些空间，以防手臂在烧制时下降。如果不留下一些空间，支撑的手臂就会被抬高，而身体则会缩小，这个新的角度和姿势可能不是我想要的摄影：盖尔·圣·路易斯（Gayle St Luise）

罗斯特·高尔特（Rosette Gault）
《冰冻太阳》，1998年
在极端气候下烧8号锥的纸浆泥调配制瓷。室外温度可以在冬季−40℃和夏季40℃之间变化。这个作品在户外被放置了十多年。底部是敞开的
摄影：罗斯特·高尔特（Rosette Gault）

风险。无论作品的大小，在非常高的温度下，重力会缓慢但肯定地导致作品偏离平衡，以及偏离中心。

如果担心一块厚的或暴露的部分可能在热点处下垂，可以在它下面几厘米处放一堆砖作为保护或者做一个定制的纸浆泥框架用以支撑。这些保护部件没有固定在一起，但可以在烧制完成后移除它们。

有关泥板的装窑

为了防止热量不均匀或过热，可以在窑中平铺纸泥板或泥片。面板可以连接一套干净平整的窑架。对于大瓷砖，我倾向于在每一块下面的架子上洒一点细熟料。可以在面板和堆叠在上面的架子之间留出大约10 cm的空间。初学者应避免垂直烧薄板或瓷砖，因为大多数窑炉都有加热不均匀的风险。有一些商业的泥片镶嵌框可以使用，但很少有艺术家工作室有它们。

装载和安装多配件的雕塑

对于多结构的雕塑，大块之间的分割不需要被切割成一条直线。在一个大的堆叠图形中，各部分之间的水平切割线会分散视线，但各部分之间弯曲的接缝可能不会打断同一形状的线条。除非对项目有意义，否则没有必要将大的纸浆泥部件平放在窑板上。在窑板上用耐火砖、黏土填充物或垫片支撑弯曲的部分。也可以把不规则的部分放在临时的衬托物或其他耐火材料上，把它装在一个宽的盛有未上釉的黏

土或纸浆泥烧制碗中，烧制后将碗移除。

往窑里装匣钵土

匣钵通常是一个用来保护里面精致的罐子的圆形陶土盒子。将两者一起烧制后再将罐子移开。无釉轻质纸泥匣钵土可以整齐地堆放在窑内，不会影响壶表面的釉料。在烧制前和烧制过程中，匣钵可以防止碎片落在釉上，但也可以利用匣钵的内部来获得特殊的釉效果。所有能与纸泥或釉反应而产生闪光效果或颜色的可燃物都可以塞在匣钵里。也可以用金属线包裹锅或人物，让金属与泥或釉产生反应（请注意安全）。匣钵土使所有这些金属可燃物与窑内的其他作品分开。

烧制过程

与传统黏土一样，纸浆泥作品在烧制和冷却过程中会通过温度阈值，窑内的气氛可能会被氧化或还原。在电炉中，氧化是常见的，而还原在木材、天然气、石油、乐烧和坑烧方法中是常见的。

烧制的第一个小时

在任何烧制过程中作品安全通过的最关键温度是100℃。蒸汽压力的膨胀是陶艺作品爆炸和破裂的主要原因。与传统黏土一样，黏土中的蒸汽在烧制过程开始时需要一段时间才能逸出。为避免滞留蒸汽创造条件，可以使用例如拉长初始加热周期等方法。干燥高浆的纸浆泥有许多内置的，可以通过其纤维素纤维网络的蒸汽释放空间。如果作品完全干燥并经过了预热期，保持温度在100℃以下几小时就足够了。保证作品在潮湿的环境里有更多的时间被持续地烘干。

纸张和有机材料在253℃下的烧制时间与抗蜡剂和纤维素纤维的低温烧蚀性能大致相同。

在这个温度下（蒸汽逸出后不久就会达到），两者都会在几小时内持续冒烟。在知道通风系统如何工作之前告诉邻居，他们可能会闻到纸或蜡燃烧的味道。如果没有窑炉通风口，可以留下窥视孔或将盖子打开一小部分，直到烟熏过程结束——最多需要3小时。窑的温度仍然会很低，这种类型的烟不会损坏电热窑的加热元件。从这个角度来看，装满纸浆泥作品的窑里的纸浆总量仍然远远少于艺术家的需求，例如，一些艺术家在手工制作软浆土时因纸浆不够就需要使用皱巴巴的纸填料。人们总是想都没想就开始烧制。

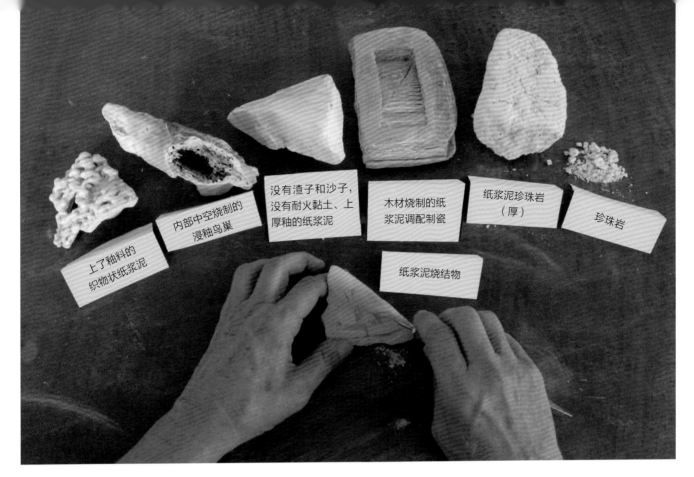

图中标签文字：

上了釉料的织物状纸浆泥

内部中空烧制的浸釉鸟巢

没有渣子和沙子，没有耐火黏土、上厚釉的纸浆泥

木材烧制的纸浆泥调配制瓷

纸浆泥珍珠岩（厚）

珍珠岩

纸浆泥烧结物

一个非常厚的，烧成的纹理用扇形刷分层；一个鸟窝浸入纸泥里，然后被烧制（可以看到里面留下的树枝）；5 cm厚的固体高浆调配制陶器；3 cm厚的原木烧制瓷砖，上面有雕刻和模拟的"楼梯"，通向最深处的一个薄部分只有3 mm；珍珠岩烧制而成的轻质瓷质纸浆泥土块；前面和中间：用修整工具在烧结纸浆泥上雕刻细节

摄影：盖尔·圣·路易斯（Gayle St Luise）

如果纸浆泥含有有机添加物，就可以创造出特殊的纹理。卢卡·特里帕迪（Luca Tripaldi）建议将温度保持在315℃。在恢复正常的纸浆泥烧制计划之前，非常厚的作品在这个阶段温度将保持长达6小时，比普通纸浆泥慢。

烧结和低温烧制用于雕刻

烧结到480 ～ 540℃只需要几小时。这刚好低于或接近石英转化的温度（573℃或022号锥）。其结果将是形成一个开放、柔软但稳定的表面，类似于肥皂石或软石膏。它的纹理很光滑，不含熟料的纸浆泥作品结构是干净清晰的，没有任何纤维。雕刻时要减少灰尘，先将纸浆土浸湿，在下面放一条湿毛巾，以收集雕刻留下的灰尘。

素烧

窑内烧红后，陶器和乐烧的釉料开始融化。这也是素烧烧制的温度范围。如果计划在釉烧之前进行素烧，则烧制03或04号锥。用08号锥进行低温素烧，纸浆泥配制的陶土可能还可行，但大多数高纸浆和高温度的炻器或瓷器纸浆泥则需要更高的温度。用08号锥素烧，许多陶瓷和炻器的软纸浆泥的硬度依旧是可以在上面雕刻的。纸浆泥素烧后依旧可以与未烧制的纸泥组合在一起，然后再烧制，有时还可以修补。

火是在炽热的煤块上点燃的。湿的作品就在附近，但如果持续烘烤它们就会被"烤"干。最后，用一根棍子把非常干燥和热的陶器放进煤里。当陶器烧得通红时，它们可以被移走，或者在第二天从灰烬中挖出来
摄影：罗斯特·高尔特（Rosette Gault）

将干燥的雕塑装入窑内进行一次高温焙烧。在进行外部组装和密封之前，在内部表面涂上光泽釉。对外表面也进行了处理。作者的作品正在进行装窑
摄影：唐纳德·李（Donald Lee）

还原烧制的黏土坯体

如果有一个还原气氛窑，那么还有更多的变数要考虑。因为纸在烧制过程中、釉料融化之前就已经烧光了。在乐烧和一种先进的"热震"方法中，纸浆泥表现良好。有些青瓷釉可能会有轻微的颜色变化。为了在还原烧成过程中避免作品被产生的烟熏，可以改变窑内加热和冷却的速度。釉料过早地融化或在封存黏土时，就会发生"吸烟"的现象。它可以在不透明或透明的釉下形成一种深色或烟熏状的"云"。

单一烧制

对于纸浆泥，素烧是可选的方案，因为干的纸浆泥是坚固的，足够的吸水量能够使其承受上釉的过程。然而，如果在涂釉上犯了错误，纠正它可能需要一些额外的步骤。薄壁干燥的纸浆泥可能会因浸水而开始软化，所以在两次应用之间需要等待釉面干燥（尽管釉面可以在流动的水下洗掉）。首先测试釉料和表面处理的程度，看看它们是否能一次烧成。

另一种制作高浆纸浆泥（而不是传统黏土）的原始方法是明火烧制。坑烧和乐烧的这种变化适用于小的作品。每15～20分钟预热一次，然后旋转一次（就像在烧烤时做的那样，让所有的边都干燥完成！）在预热开始之前，添加简单的颜色，使表面抛光。随着时间和距离的增加，作品被移到离火更近的地方。最后，它们会被推到火堆下面的煤炭。

过一会儿，陶器就像乐烧一样，会发出红色的光芒。像乐烧一样，它们可以被

放在火中和灰中冷却，也可以用钳子和手套取出来。它们可以被烟熏或被浸泡在温水中，或者埋在沙子或灰烬中以迅速冷却。如果采用这种方法，请戴上护眼、皮手套和天然纤维的防护服，并在火堆周围监督其他人。在尝试像这样的烧制方法时，一定要注意安全，一切风险需要自己承担。

多次烧制

和传统黏土一样，纸浆泥可以被多次烧制。由于纤维素纤维在第一次烧制过程中被烧掉了，所以只剩下陶瓷用于上釉和之后的烧制。传统的陶瓷方法被延续了下来，可以在不同的温度下多次燃烧同一作品，以达到将釉分层和实现不同的表面效果的目的。

玻化和烧制限制

在一些纸浆含量高的纸浆泥中，精确的玻化温度可能会发生更多的变化。拉伸强度也可能发生变化。向下（高温高浆）或向上（低温高浆）进行烧制纸泥样品的实验。调整黏土配方中的助熔剂数量以减少或增加坯体的开合程度或补偿纸配方中未知数量的黏土。由于微量铁元素或其他金属元素在再生纸油墨中的含量差异，一些瓷体在还原气氛中可能会改变为棕褐色，而这并不是基于植物油的原因。

薄的、烧制过的纸浆泥调配制瓷像蛋壳一样易碎。未烧制的、未成熟的、基础黏土配方不佳的或者含有过多的渣子或沙子的纸浆泥在手中就会容易破碎。当烧制完成后，边缘会像打碎的玻璃一样特别锋利。

斯蒂凡妮·泰勒（Stephanie Taylor）
《浮筒》，2008年
艺术家把一个上了釉的纸泥球放在花园的池塘里，作品尺寸：直径约为30.5 cm
摄影：罗斯特·高尔特（Rosette Gault）

格蕾丝·尼克尔（Grace Nickel）
《壁灯》，2005年
格蕾丝·尼克尔是最早将纸浆泥用
来制作玻璃框架的艺术家之一。作
品尺寸：76 cm×79 cm×51 cm
摄影：格蕾丝·尼克尔（Grace
Nickel）和保罗·莱瑟（Paul
leather）

纸浆泥和玻璃

可以用烧制玻璃的方法来制作纸浆泥。许多艺术家从技术和概念两个方向探索出玻璃和纸浆泥是相似的。艺术家们将熔化的玻璃放进装满了上釉纸浆泥的人物形盒子里，经过多次烧制。纸浆泥可以用作熔化玻璃的模具，用作塌陷的框架支撑玻璃。安妮·塔（Anne Turn）将玻璃和纸泥瓷器结合并烧制在一起。

不要烧制的类型

因为在烧制纸泥浸过的金属时会产生烟雾，我不鼓励在学校环境中烧制。浸过的泡沫橡胶、泡沫聚苯乙烯、海绵、塑料袋、杯子和其他塑料会产生一种浓浓的黑烟，这种烟与纸张无关，与人造材料有关。人造材料在燃烧时会产生不健康的挥发性有机化合物（VOCs）气体。正如烧掉浸釉的厚实木可以产生少量的气体或烟雾。在一个封闭的空间——比如工作室——燃烧很长一段时间是很不健康的。一定要确保窑炉通风良好。

注意，并不是所有的"再生纸"都是一样的。在北美和其他一些国家，根据法律规定，硼酸和其他阻燃剂被添加到建筑材料中，包括袋装的所谓的"干绒再生纸"这些会在几乎整个烧制过程中产生有毒和恶臭烟雾的材料。许多艺术家还将人造纤维与纸浆泥混合，但不能保证会产生何种气体。

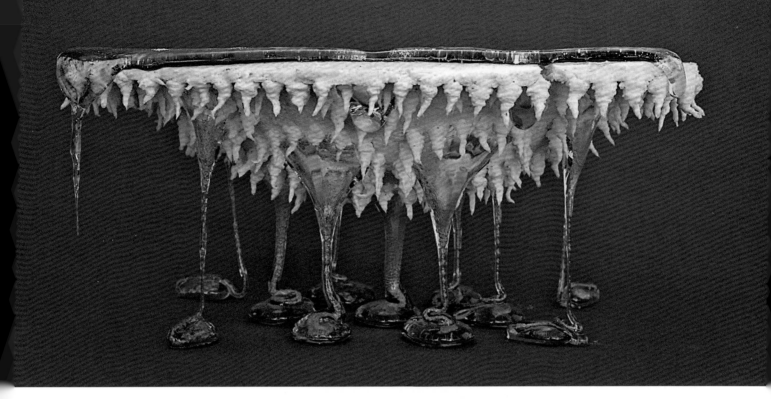

安妮·塔（Anne Turn）
《冰和雪》，1994年
这位艺术家将埃及浆糊和纸结合在一起，
有时甚至达到1：1的比例。在1 200℃
焙烧后，这块被用作模具，在840℃熔化
玻璃。由于与玻璃的组成相似，以及由于
纸的一些灵活性，这种材料可以防止玻
璃破碎并允许两种介质合作。作品尺寸：
10 cm×20 cm
摄影：安妮·塔（Anne Turn）

霍瓦思·拉兹洛（Horvath Laszlo）
《灯笼》，2004年
半透明纸浆土制陶器灯笼，作品高度：
45.5 cm
摄影：罗斯特·高尔特（Rosette Gault）

愿景的实现

我们来到这本书的结尾，纸浆泥表达自由的精神是显而易见的。和其他人一样，在我自己的艺术实践中，我常常希望可以在陶瓷中寻找一种方法来融合雕塑和绘画以放大和表达对人类状况的新看法。经过20年的探索，我总结出了一套最佳的能够制作能想象到的形式的纸浆泥配方，这个配方克服了几乎所有传统陶瓷的技术限制。这样一来，我通过一种即兴的非线性的制作过程获得了组装和构建陶瓷雕塑形式的自由，这是我从第一次接触黏土时就渴望的，而用传统的陶瓷制作方法在技术上是不可能实现的。

曾经有一段时间，这种材料的某些方面，如使用纸浆泥修补、"湿一干"连接、浸渍和特殊配方，在我的工作室之外是不为人知的。但大家可以看到，我所做的是用传统黏土不可能做到的，于是很多问题接踵而至，在教学过程中，我敦促艺术家们加入测试和研究工作。现在，来自世界各地的许多黏土被混合成一种纸浆泥制陶瓷的版本并在各种各样的窑炉中成功烧制。今天，成千上万的艺术家以富有想象力的方式改造纸浆泥， 一个新的领域已经打开，各种各样的实践发展出来。纸浆泥已经在世界各地的艺术家工作室中找到了稳固的地位。

探索的精神、喜悦和奇妙的感觉显然是具有感染力的。由于所有这些协同作用的结果，一个纸浆泥知识库现在是可访问的，并可在未来为大众服务。随着每一位新的教师和艺术家的加入，知识库也在不断变大。我非常感谢所有在台前和幕后支持和鼓励我们前进的人们。我们已经进入了新的想象和意识领域，随着时间的推移，我长久以来的愿景实现了，于是一本像这样全面的关于纸浆泥的书终于可以写出来，让许多人来使用它。

上页图：安妮卡·泰德（Annika Teder）
《珊瑚》，2011年
这些源于生命形态的形状在窑中烧制到陶瓷的温度，然后组装。
纸浆泥制瓷，作品尺寸：3m×3m
摄影：安妮卡·泰德（Annika Teder）

右图：马西娅·塞尔索（Marcia Selsor）
《西班牙素描：千年纪念》，1998年
装置在黄石艺术博物馆
摄影：马西娅·塞尔索（Marcia Selsor）

马瑞特·马克拉（Maarit Makela）
《枝形吊灯》，2006年
高温半透明的纸浆泥制瓷，上釉的照片屏幕图像
摄影：劳诺·特拉斯克林（Rauno Traskelin）

古德伦·克里克斯（Gurdrun Klix）
《墙后》，1998年
纸浆泥，艺术家合作的装置作品
摄影：古德伦·克里克斯（Gurdrun Klix）

未烧制的纸浆泥

任何尺寸的纸浆泥都可以在不烧制的情况下完成。由于干燥的纸浆泥已经完成了收缩，所以尺寸、形状或重量不大可能发生进一步的变化。例如，为剧院或舞蹈布景而建造的临时形式，它们可以在演出结束后进行解构、扔掉或重复利用。

需要保存的作品可以被保存在干燥的地方。没有遮蔽的作品容易受到风化作用的影响，雨雪会慢慢侵蚀其表面。随着时间的推移，未烧制作品的颜色在阳光下可能会褪色，漆面可能会在清洁过程中变暗、分解或脱落。大件作品的清洁和维护需要成为计划的一部分。即使在室内，雕塑顶部也需要定期擦拭干净。

有时，作品一完成就可以用附近的窑炉烧制，也可能是在建造多年后才有足够大的窑炉来烧制。也许作品被同时涂上了油漆或清漆，并在室内放置了很长一段时间。如果一个纸浆泥作品涂上颜料，然后没有马上进行烧制，等之后再烧时，颜料就会被烧掉。

未烧过的纸浆泥的覆盖涂层和密封剂包括大多数艺术家和雕塑家使用的材料，如颜料、油、丙烯酸、蛋彩画、用水稀释的胶水、油漆、蜡、陶器、清漆、树脂、玻璃纤维和聚氨酯。来自海洋、汽车和建筑行业的油漆或涂料也可以在纸浆泥上使用。请注意，粉笔和蜡笔可能更容易适用于素烧的表面。

劳拉·帕拉齐·冯·布伦（Laura
Palazzi Von Buren）
《向前》，2010年
纸浆泥和混合材料，作品尺寸：
150 cm×150 cm×7 cm
摄影：菲利普·菲格拉·维拉纽
瓦（Felipe Figuera Villanueva）

组装

　　用纸浆泥制成的临时装置非常受欢迎。干燥的纸浆泥非常结实，可以在任何地方放置。在不实用的室内空间或室外空间都是可以的。

　　许多艺术家会有在展示前、展示中和展示后解构作品的想法。他们通常不会保存这些纸浆泥制品，一般情况下，他们会把这些纸浆泥回收再利用。虽然他们可以保留作品，但很多人会问："为什么？"、"在哪里？"和"为了谁？"，以及"我要为一件作品支付多长时间的保管费？它就像一件戏剧事件，但现在已经成为历史了。"他们会将干燥的纸浆泥浸在水里，然后开始一次新的创作。在这些情况下，展览结束后没有任何实物可供顾客收藏或交易，有时只有一张照片或被解构作品的碎片作为纪念品。如果这是一件烧制过的作品，艺术家可能会拿锤子砸碎它后保存一些作品碎片。有形的工作可能是短暂的，但照片记录在展览结束后仍然存在。对于那些重视艺术和陶瓷艺术的人来说，这是一个具有挑战性的想法，因为陶瓷是一种比画作更能长久保存的作品。

　　艺术和环境之间的互动可以是美丽且生动的。举个例子，如图片所示，我们可以看到雪和逐渐被吞噬了的劳伦·梅尔（Lauren Mayer）的纸浆泥椅子。冻融循环的效果不会立刻改变未烧制的雕塑。我们可以预测作品被破坏，但我们不能知道它何时或如何发生改变。

　　在这幅作品中，我们看到了对上世纪50年代和60年代情境主义艺术流派所表现的对事件和物体的关系的思考。情境论者设置了自发的和短暂的事件，让观众有机会从一个新的观点来注意日常发生的事情。

　　从苔藓、草到种子，一切都可以混合到多孔的纸浆泥中，就像他们可以混合传统黏土一样。创作过程也是一种创造潜在的超自然形式的修剪过程。种子可以牛根发芽，把纸浆泥弄破。格雷厄姆·海伊（Graham Hay）表示，他在澳大利亚设置的一个未烧制的纸浆泥户外装置的侧面开始长出亮黄色的地衣。

　　同样受欢迎的还有从二手商店回收的廉价的现成物品，这些物品可以很容易与纸浆泥结合、浸入、融合。琳达·索明（Linda Sormin）的装置使用纸浆泥和其他材料进行组合，形成大型组件。乍一看，它们像一阵旋风般的碎片，但由于一半的安装是在空中的，所以也可以走进它的内部并获得直接的体验。

　　亚当斯（K.C. Adams）创作了可即时变化的纸泥陶瓷雕塑。将对运动敏感的硬件安装在雕塑里面，观众的出现就会导致雕塑产生变化。雪莉·瓦滕巴格（Shelly Wattenbarger）为微小的动画电影建造了具有异国情调的纸浆泥外壳——必须进到作品内部才能看到里面的投影动画。马克·内森·斯塔福德（Mark Nathan Stafford）在他的作品中建立了蒸汽产生装置——藏在雕塑里面的热水容器里的蒸汽会周期性地从一个真人大小的人物的眼睛和耳朵里喷出来。

　　在丹麦、以色列和墨西哥等一些国家，艺术家们将戏剧灯光、动画和视频投影到纸泥雕塑上，给人一种表面动态的印象。20年前布莱恩·加塞德（Brian Gartside）产生了一个类似的想法作为釉料的替代方案。他在研讨会期间用幻灯机将彩色图像投射到他的雕塑上。借助当今的数字技术，艺术家可以很容易地在装置中将彩色图像和电影投射到纸浆泥上。

　　有时，似乎机载装置已经形成一种流派并且很受欢迎，因为纸浆泥很轻。古德伦·克里克斯（Gudrun Klix）和一组助手将软的纸浆泥压在医院前的砖墙上。当泥板足够硬时，将其从墙上释放出来时，砖墙背面留下了砖石样的表面纹理。这些墙壁纹理的印记像床单一样悬垂着，在半空中轻轻摇摆。陈鹏飞（Allen Chen）创作了一组由空气悬浮和烧制而成的纸浆泥结构并且展示了一系列的变形过程，仿佛是3d动画故事板的一部分。像尼尔·福雷斯（Neil Forrest）和其他热衷于调整作品规模和

上图：劳伦·梅尔（Lauren Mayer）
《两者之间的眩晕》，2010年
这件作品是一把未烧制的椅子，由纸浆土制瓷泥注浆而成。在安德森牧场艺术中心的两个月里，这件作品暴露在自然环境中。它慢慢地沉入地下
摄影：劳伦·梅尔（Lauren Mayer）

左下图：玛琳·佩德森（Malene Pedersen）与维罗尼卡·索塞斯（Veronica Thorseth）
《北海滩》，2008年
一个移动的未烧制纸浆泥车辆漫游在沙滩上。纸浆土结构和混合材料
摄影：玛琳·佩德森（Malene Pedersen）

右下图：玛琳·佩德森（Malene Pedersen）与萨宾·波普（Sabine Popp）
《内部空间之旅》，2009年
摄影：玛琳·佩德森（Malene Pedersen）

空间的艺术家——可以看到过度膨胀的罐子碎片，就像空气中的泥土碎片在我们面前晃来晃去，就像钓索上的诱饵，但人刚好够不着。

　　这些作品让我们有机会以新的方式看世界。与一些艺术材料相比，纸浆泥的价格更便宜，也更容易获得，这使这一材料得以向更多样化的人群开放，包括那些之前没有陶艺经验的艺术家。他们在混合材料项目和雕塑中使用纸浆泥，不用管传统陶瓷的禁忌。

　　使用传统陶土创作的艺术家知道，对开裂的陶土进行修复是不可能的。这个阶段的裂缝是无法修补的。软板在被拿起时会撕裂或倒塌。把黏土从模具中拉出来需要很小心，而且要把握好时机。干燥的作品很脆弱。如果把手从一个干燥的杯子上掉下来了，作品就得重新开始。容器在窑中可能会爆炸，釉料不能按预期生产出来。整个窑炉和数月的工作都可能付之东流。所以对于大多数人来说，掌握传统学科需要数年时间。

安东内拉·西马蒂（Cimatti）
《蝴蝶影》，2010年
纸浆泥制瓷
摄影：拉菲利·拉西纳里（Raffeli
Tassinari）

雪莉·瓦滕巴格（Shelly
Wattenbarger）
纸浆泥动画视频，2010年
这些2010年的动画是通过"隐藏"在雕塑内部的一个微型投影仪投射出来的
在《迪奥拉地图#1》中，动画被投射到雕塑内部人物的"脸"上。在《迪奥拉地图#2》中，动画被投射到一个陶瓷"水晶球"上。《迪奥拉地图#1》（绿色）作品尺寸：45.5 cm × 45.5 cm × 91.5 cm；《迪奥拉地图#2》（黄色）作品尺寸：76 cm × 45.5 cm
摄影：雪莉·瓦滕巴格（Shelly
Wattenbarger）

在陶艺方面经验很少的艺术家可以在不带偏见或害怕裂缝或丢失的情况下制作纸浆泥形式，他们不会意识到这种形式用传统黏土是无法实现的。视觉效果激发了世界各地的黏土艺术家的想象力，无论他们使用什么方法。一些非常了解传统黏土的艺术家看到奇怪的新纸黏土形态时，不禁会感到困惑。事实上，这些"野性"形式的出现在陶瓷艺术家之间开启了一场生动的对话。一种混合材料和雕塑与陶瓷实践的结合正在进行中：

"用烧过的纸浆泥……陶瓷的土性已经丧失了……让陶瓷成为个人思想、梦想和灵感的不受限制的水库……在2009年国际后现代陶瓷节的展览中，我们认识到当代陶瓷表达方式的过渡。"——伯纳德·普芬库切（Bernd Pfannkuche），《新陶瓷杂志》编辑，于德国——回顾国际后现代陶瓷节，瓦拉日丁，克罗地亚，2009年。

未来展望

未来，雕塑与陶瓷的差距将进一步缩小。纸浆泥与如此多的有机材料和人造材料相似，我期待看到纸浆泥的混合体和复合材料具有更多特殊属性的提升：硬度、抗拉强度、柔软度、孔隙率、溶解度、耐火性等。随着工程师和科学家的研究，这本书中的"替代"创作方法很可能会突破陶瓷艺术领域，延伸到其他学科。纸浆泥实践为了成本节约、生产和设计的流线型化提供了可能，实现了生态可持续材料的

左上图：阿亚拉·索尔·弗里德曼（Ayala Sol Friedman）
《脉动》，2011年
在这个作品中，创作者选择重复使用一种手法和材质来创作。将一种简单的手法以一种"强迫式的"内在节奏进行重复。彩色纸浆泥手工制作，作品高度：36 cm
摄影：萨沙·菲尔特（Sasha Filt）

右上图：安东内拉·西马蒂（Antonella Cimatti）
《三色》，2011年
玻璃底座结合纸浆泥陶瓷，作品高度：36 cm
摄影：拉斐尔·塔西纳里（Raffaele Tassinari）

下图：卡伦·哈斯波（Karen Harsbo）
《彩色立柱11》，2010年
纸浆泥、纸浆石膏、砂砾，作品尺寸：45 cm × 30 cm × 12 cm
摄影：奥勒·阿霍（Ole Akhoj）

使用——而这正是未来产品的发展趋势。使纸浆泥这种材料与世界接轨并为其进一步发展奠定实际基础是一项值得投入毕生精力的工作。

各个时代的艺术家和设计师都在努力从思想、感觉或视觉中进行探索。

创造出看得见摸得着的、美丽的东西。我们已经见证了纸浆泥的起源，也知道了利用纸浆泥进行创作的某些作品对于传统黏土来说是不可能的。对于艺术家来说，这是一种动态的建模材料，可以服务于想象力，这是独一无二的。

附录

1：纸浆泥的注意事项

2：烧窑指导

3：回收纸

4：对纸浆分解时间的影响

5：干湿黏度

6：修补干燥的纸浆泥

7：纸浆与黏土比例对比

8：纤维素和合成纤维的对比

9：颗粒大小：与黏土添加物的比较

10：颗粒大小：视觉对比

11：纸浆泥的记忆

12：纸浆泥和基础黏土干强度对比

13：故障排除：避免常见错误

14：共有属性：混合材料与纸浆泥

15：纸浆泥与传统黏土做法

16：设计方案

17：扩展阅读

18：配方举例

1：纸浆泥的注意事项

尽管已尽一切努力提供准确和完整的信息，但仍有太多的变量涉及安全预防措施、健康、烧制结果、经验等，所以难以对结果作出保证。一定要提前测试纸浆泥样品。

安全处理

有些人对黏土或纸浆泥中的矿物质或其他成分过敏，所以需要在工作时戴手套。先检验一下样品，避免在纸泥中加入漂白剂。任何已知对霉菌过敏的人都应该只混合和使用新鲜的纸浆泥。

一般情况下，避免存放潮湿的纸浆泥。随着时间的推移，陈年黏土（包括纸浆泥）上的微生物菌落会在潮湿条件下生长。真菌和细菌等微生物菌落在用无墨纸浆制成的陶瓷基础黏土中生长最慢，在凉爽的环境中，它们可能需要数月或数年的时间才能生长。含有油墨和再生纸浆的纸浆泥中生长得非常快。微生物在温暖的条件下，当这些黏土与有机含量高的黏土（如某些球土或赤陶土）结合时，几周内就会出现微生物活动的明显迹象

和气味。补救办法是把压扁的纸浆泥弄干，然后在准备重新开始工作时，再把它放在水里浸泡。

有些商用制备的纸浆泥中添加了防腐剂。

关于烧制纸浆泥

所有黏土和釉料在烧制过程中都会释放气体，窑炉及周围区域需要良好的通风条件。大多数窑炉通风口或排气扇都是为处理纸浆泥而设计的。由于天然纤维素纤维纸张的燃烧效果与蜡阻的燃烧相当并且在最初的几小时内加热就结束了，所以如果有一大窑的高浆纸浆泥待处理，请礼貌地告诉邻居，气味会在几小时后消失。

避免预先使用防火或阻燃剂处理过的纤维素纤维。如果将这些添加剂混合在纸泥中，那么这些添加剂产生的烟雾可以持续12小时或更长时间。

不要在市区、办公室或学校附近的窑中燃烧金属或塑料。这些烟雾是有毒的。一些金属的残留物会损坏附近的陶器或窑的内部。在空旷的地方，只能烧制用耐火黏土做的陶器并且保证通风良好。

2：烧窑指导

下面的烧制工艺与传统陶瓷的烧制工艺相似。有了经验，可以缩短烧制时间。烧制时间会因以下原因而变化：

1. 加热设备和燃料的使用年限及状况；

2. 窑内雕塑或器物的干燥程度和厚度；

3. 窑内陶器的数量、窑体尺寸；

4. 空气湿度情况；

5. 窑内通风情况。

	室内温度	将水烧开变成蒸汽	纸或防蜡剂燃烧	烟雾停止	炽热状态温度及以上	最终温度
窑内状况	20℃ ⇨ ⇨	100℃	233℃	⇨ ⇨	⇨ ⇨	⇨ ⇨ 关掉
温 度	20℃	100℃ ⇨	232℃ ⇨			
烧制时间	开始	1～2小时	3～4小时	⇨ ⇨	6～8小时	⇨ ⇨
窑内控制	保持最低温度约2小时		保持中间温度约2小时	全功率		➡ 关掉 ➡ 关掉
通风（人工）	➡ ➡	门/盖子开启窥视孔开放		门/盖子关闭窥视孔关闭	➡ ➡	➡ 关掉 ➡

大多数风干的纸浆泥都需要在低于水沸点（100℃）的温度下进行预热或干燥，所以蒸汽可以逸出。在干燥条件下，预热或干燥不到2小时是正常的，但超过4小时就是浪费电力了。即使是在制作大件作品时，我常在预热后使用自动"快速烧制"烧制计划。只有在釉料需要时间平滑融化或晶体生长时，才需要一定的保温措施。氧化窑和还原窑会有所不同。我总是会先测试一个样本来试验可能的结果。大多数纸浆泥不需要极端的、缓慢的冷却。等待陶器冷却后拿出，这样才能保证安全。

3：回收纸

一些天然纤维素纤维的来源（惠特尼（Whitney）、高尔特，1992）

大概构成	棉麻布	亚 麻	"软"木	"硬"木
纤维 $C_6H_6O_5$	96%	85%	50%	50%
半纤维 $C_{12}H_{23}O_{11}$	3%	10%	20%	30%
木质素	1%	5%	30%	20%
注：每种类型的纸浆分解时间不同。纸在热水中可能需要多次搅动使其变形并将纤维分解成纸浆	最吸水的并且毛茸茸的		软木浆的细胞壁比硬木浆更薄，所以当它们被打成浆时坍塌得更快	木质纸浆的细胞壁越厚就越坚固，所以它们需要更长的时间来搅拌或分解成纸浆。吸收剂

3 : 回收纸

好的回收纸来源	纸 的 描 述
公司/学校	棉、亚麻、亚麻书写纸或混合
出版社/印刷厂	选择无光泽或哑光的，因为光泽的纸需要很长时间才能变成浆。优先选择库存的书、过期的小册子（大多数油墨残留物在燃烧时可以被烧掉）
艺术家工作室	装饰、绘画纸。使用冷压机比使用热压机转化成浆的时间更短。
复印中心	无光纸复印件（墨水和颜色都合适）。长纤维的激光纸需要更长的时间才能变成纸浆。
电脑及配件	低档激光和复印纸。如有多份复本，可以将复本压在一起。
新闻纸印刷厂	新闻纸没有塑料清漆覆盖油墨。大多数有光泽涂层的广告插页可能需要更多的时间分解成纸浆。
家里	蛋盒、卫生纸。厕纸在冷水中搅拌后会迅速散开（表格中所有其他部件都可以通过加热来加速故障过程）

应避免的回收纸来源：牛皮纸、涂布纸、信封、玻璃纸或带有订书钉、胶带、回形针、橡皮筋的纸。尖锐的物品会污染光滑的纸浆泥，在烧制过程中可能会使它变色。避免使用纸巾和面巾纸，因为它们需要很长时间才能变成纸浆。尽量不要用含有胶水的纸板盒，它很难转化回纸浆

4 : 对纸浆分解时间的影响

撕裂测试：撕裂一条想要回收的纸

易撕扯程度	"纤维"相关长度	用热水和工具分解所需时间
容易撕扯	短	1～20分钟（厕纸），平均5～10分钟。是最简单的选择
撕扯稍难一点	中等	10分钟～2小时搅拌"纸浆汤"以分散纤维
撕扯非常困难	长	混合数小时或一夜，需要多次过滤和重新混合

如何缩短分解时间：

1. 搅拌时使用大量热水，越多越好；

2. 先把纸撕碎并分类；

3. 试烧一小块纸浆土样品，因为一些墨水和纸会使基层黏土呈现棕褐色。

5：干湿黏度

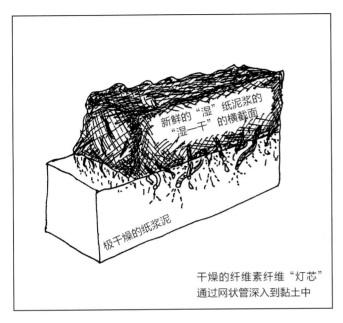

干燥的纤维素纤维"灯芯"
通过网状管深入到黏土中

渗透过程中，纸浆泥中的纤维尖端会被拖入干纸浆泥的孔隙中。干燥的纤维素纤维通过它的网状管将水分渗入到黏土中。纸泥在干燥时变硬并收缩。在烧制过程中，接头处将继续收紧并变稳固。

6：修补干燥的纸浆泥

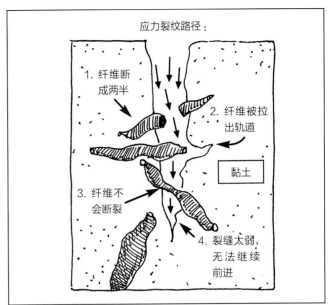

在干燥的纸浆泥中，应力裂缝的路径被纤维所打断。要修补这样的裂缝，就需要涂上一层新的纸浆泥。水分将被吸收到干燥的裂缝和新的补丁将要收缩的地方。修复后，填充的裂缝中将含有比以前更复杂的纤维素纤维和黏土层。

7：纸浆与黏土比例对比

使用相同大小的容器来测量任何大小或每批纸浆类型或纸泥浆的成分。比例不需要很精确，许多艺术家都选择采用这些粗略的方式。这里描述的5种类型具有艺术家可能需要的不同特性。所有这些都可以结合在同一个项目中，特别是如果基础黏土是相容的。

1浆：1泥（轻纸浆泥）

这种混合物看起来和摸起来都很像纸，但通常这不是我的首选。当需要小火力时可以选择它。它很短，不太容易塑形，但如果用水稀释并倒进去，就能很好地捕捉到石膏中的细节。这种混合物可以用作厚浆或软黏土，在干燥的截面上勾勒轮廓、铸造、制作模型或填补缝隙。它可以

形成干燥的固体并被大块地凿下来。以这个比例混合的纸浆泥制瓷器烧制后，会像光滑的上过釉的坯体。如果这种纸浆泥混合物没有充分燃烧，基础黏土含有太多的熟料或沙子，烧制成的作品可能是易碎的。

测试特定黏土。如果你需要不透水的纸浆泥，可以调整在黏土体内熔块的量。那些想要多孔纸浆泥（用于水过滤或其他应用）的人可以从这种配方类型开始，通过改变烧制温度和纸浆含量来进行调整。

1浆：2黏土（高浆）比例

这种高纸浆混合料在烧制时很轻，特别适合大型墙板和大型项目。当纸张表面为软皮革状态时，可以用橡

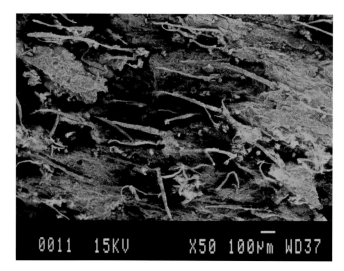

用高浓度纸浆制成的干燥纸浆泥。天然纤维素纤维的长度和直径各不相同。每根纤维上粗糙的白色绒毛纹理表明了"纳米纤维"的存在，用1993年用的工具几乎看不到。纤维排列松散，因为我把纸泥梳穿了。

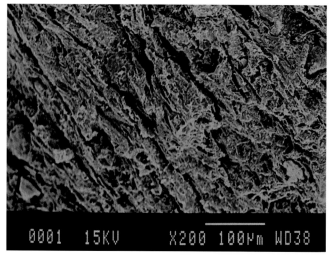

用高浓度纸浆制成的烧至700℃的纸浆泥。尽管样品的纸浆含量很高，但纤维烧制后仍有大量黏土残留。体积测量接近1浆：2黏土的测试。基础黏土是低温球土块，纸浆直接来自造纸厂。
这些显微照片摘自1992年在亚利桑那大学由罗斯特·高尔特和大卫·金瑞（David Kingery）的测试。1993年3月，他们在中美洲经委会圣地亚哥会议上提出了研究结果。

胶刮片将其刮平滑。另一种使表面纹理光滑的方法是在原完全干燥后再涂上一层新的纸泥浆。在烧成的时候，纸浆泥呈现一种多孔和开放状态，这种状态更适合注浆成型并作为缝隙填充物或轮廓造型。为了优化烧制强度、孔隙度或其他属性，对于陶器底座，可将烧成温度选较高温锥，对于高温烧制的瓷器，可将烧制温度选较低温锥。除此以外，也可以调整黏土中的助熔剂量。

1浆：3黏土比例（通用雕塑）

为了获得无缝的"湿—干"连接和修补，使用接近1：3的比例或更高比例的"非熟料—无砂砾"的基础黏土，如瓷土。在修补和干燥组装中，纸浆用量越多，表面开裂的情况就越少。大型雕塑的混合比例有个规律：

雕塑越大，纸浆与黏土的比例就越高。为了进一步调整配方，可以考虑改变黏土配方中的助熔剂含量或稍微改变烧成温度。

1浆：4泥（低）

这是功能范围内最低混合比例的组合。在实践中，这意味着需要对干燥裂缝进行多次修补。

1浆：5黏土（陶器）

这种混合适合用于拉坯和一些注浆成型。它更适合小规模项目。更少的纤维意味着最好使用线性方法处理它，在熟悉的硬皮革状态下进行修剪和加工。这种混合物更像黏土，也更脆弱。"湿—干"连接可能需要多次修理。

8：纤维素和合成纤维的对比

天然纤维

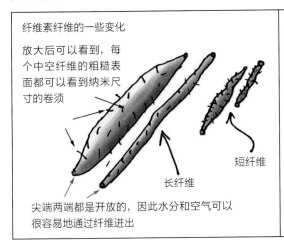

纤维素纤维的一些变化

放大后可以看到，每个中空纤维的粗糙表面都可以看到纳米尺寸的卷须

短纤维

长纤维

尖端两端都是开放的，因此水分和空气可以很容易地通过纤维进出

吸水、柔韧、有弹性。个别纤维是中空的、不规则的锥形管状或吸管状。可以拉伸或压缩。由于存在一种肉眼看不见的纳米纤维覆盖网，所以纤维素纤维的表面是粗糙的、有纹理的。在任何给定的纸浆中纤维素纤维长度是不变的。加热时也不会融化。

来源包括：可再生植物来源和消费后的再生纸。

例如：由棉花、亚麻（亚麻植物）、麻、黄麻、苎麻、羊毛、硬木和软木制成的纸浆。人造纤维目前还不能代替纸浆泥中的纤维素纤维。必须有纤维素纤维才能获得纸浆泥的所有高性能特质。水分更容易通过纤维素纤维，以便能够使用在本书中描述的"干一湿"连接和修补方法。

合成纤维

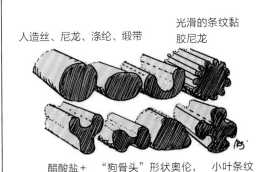

人造丝、尼龙、涤纶、缎带

光滑的条纹黏胶尼龙

醋酸盐 + 一些尼龙

"狗骨头"形状奥伦莱卡/尼龙和涤纶

小叶条纹醋酸盐

固体的、挤压的细丝不吸水，但可以伸展，也可以被切成任何长度。它们表面光滑，直径、长度、形状均匀一致，高度可调节。合成纤维在低温下熔化，然后在燃烧中烧毁，留下空白。大多数合成纤维在450℃以下会烧坏。燃烧过程中挥发性有机碳（VOC）蒸气风险高。具有惰性，如果和纸浆泥结合在一起就能防水。纳米纤维的轻薄版本正在开发中，可用于纳米网过滤等。

来源：从燃料、原油、天然气、煤等矿藏中提取的石化产品。

例如：尼龙、人造丝、丙烯酸、乙烯基、聚酯、聚丙烯、醋酸纤维、聚合物、聚酰胺、聚烯烃、聚碳酸酯、聚苯乙烯、碳氢化合物。

合成陶瓷纤维

固体挤压陶瓷长丝可以添加到性能不佳的基础黏土中以纠正烧成后的弱点，因为根本原因（基础黏土配方）无法完全得到纠正。这种长丝也可以添加到纸浆泥中。陶瓷纤维在烧制后仍留在黏土中，在纸浆泥中使用时不熔化或蒸发。陶瓷纤维编织布可以浸在纸浆泥中烧制。

来源材料包括：纤维无机物质、石棉和芳纶从岩石、黏土、矿渣或玻璃中提取的复合材料。

例如：玻璃纤维、高棉、玻璃纤维、矿棉（岩棉和渣棉）和特殊用途的耐火陶瓷纤维。玻璃或多孔陶瓷用于隔音或隔热防火、汽车制造、增强塑料和混凝土，以及作为电气绝缘和管道材料、弹道学等。许多以耐火纤维形式存在的高度精练和预烧的陶瓷材料具有很高的"碳足迹"，所以应该在需要时再使用。

9：颗粒大小：与黏土添加物的比较

基础黏土的成分在粒度上差别很大。除了陶瓷成分的化学组成（这超出了本书的范围），添加颗粒（熟料、沙子和填料）的大小和数量可能是影响纸浆泥烧制性能的一个因素。

为了把当地挖的黏土变成纸浆泥，需要避免灰尘，让小鹅卵石和大颗粒的混合物在容器底部沉淀过夜。从顶部和中间撇去较小的、重量较轻的颗粒，将剩下部分用于基础黏土泥浆。

美国泰勒标准筛目数 （筛内每平方英尺寸的筛孔数）	筛 孔 大 小	例 子
1 s 目	26.5 mm	砾石
2.5 s 目	8.0 mm	P-grog-chamotte（最大）
3 s 目	6.7 mm	锯屑大小不一
5 s 目	4.0 mm	珍珠岩（最多4 s目）
8 s 目	2.36 mm	小的纤维素纤维
20 s 目	0.85 mm	粗熟料/火泥
35 s 目	0.425 mm	熟料/熟料、大型蓝晶石
42 s 目	0.355 mm	细灰浆或熟料
65 s 目	0.212 mm	极细砂
200 s 目	0.075 mm	釉料
325 s 目	0.045 mm	釉料-小蓝晶石
400 s 目	0.036 mm	小的耐火黏土颗粒尺寸
	0.01 ～ 0.0002 mm	黏土颗粒的平均粒径范围：高岭土、球黏土和瓷质黏土
	0.001 mm	小细菌
	0.1 μ	大的胶体颗粒-膨润土分子大
	0.01 μ	大分子

该图表和图表的数据由罗斯特·高尔特从 W.S.泰勒查特公司、帕梅利公司、惠特尼公司、卡杜公司、黏土制造商处集中汇编。

10：颗粒大小：视觉对比

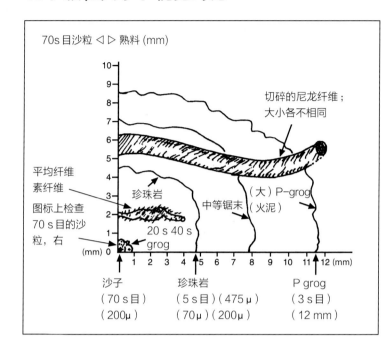

70s目沙粒 ◁ ▷ 熟料 (mm)

切碎的尼龙纤维；大小各不相同

平均纤维素纤维
图标上检查70 s目的沙粒，右

珍珠岩

(大) P-grog
(火泥)

中等锯末

20 s 40 s
grog

(mm) 0

沙子
(70 s目)
(200μ)

珍珠岩
(5 s目)(475μ)
(70μ)(200μ)

P grog
(3 s目)
(12 mm)

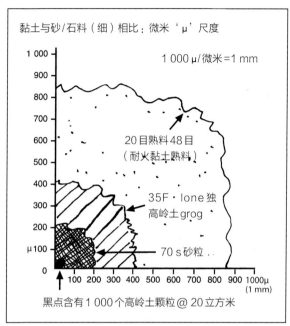

黏土与砂/石料（细）相比：微米‘μ’尺度

1 000 μ/微米 =1 mm

20目熟料48目
（耐火黏土熟料）

35F·lone 独
高岭土grog

70 s 砂粒

黑点含有1 000个高岭土颗粒 @ 20立方米

11：纸浆泥的记忆

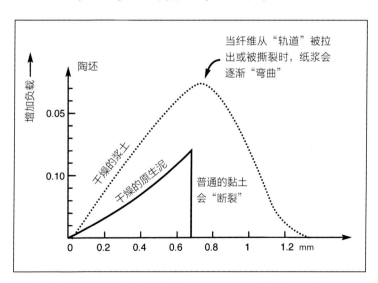

1. 在石膏上铺一块大瓷砖的软泥板。一开始是均匀的新鲜纸浆泥颗粒。

2. 每一次揉捏都改变了黏土里面颗粒的排列方式。

3. 在过度加工的黏土上使用轧辊，让板坯外表看起来是平的。粒子排列不均匀的情况暂时被隐藏起来。

4. 当水分蒸发时，黏土会选择阻力最小的路径发生形变，这与之前处理内部颗粒的方式有关。

12：纸浆泥与基础黏土干强度对比

陶坯

增加负载 →

当纤维从"轨道"被拉出或被撕裂时，纸浆会逐渐"弯曲"

0.05

0.10

干燥的浆土

干燥的原生泥

普通的黏土会"断裂"

0   0.2   0.4   0.6   0.8   1   1.2 mm

作者汇编的数据来自高尔特、金格里（Gault、Kingery）报告，1992年。

13：故障排除：避免常见错误

当纸浆还没有准备好

如果纸浆需要很长时间才能分解，可以：
1. 添加更多的水。纸浆在大量的水中分解得更快；
2. 使用不同的混合工具；
3. 再次搅拌纸浆，然后用过滤器收集或擦除未完全准备好的湿浆，换成热水，把浆放回去，继续搅拌。通过多次摩擦有助于进一步分解；
4. 在混合之前分别混合每一种纸浆。如果混合了带光泽的和哑光的或黑白新闻纸内含的插页，会造成结块的现象。

过度挤湿的纸浆的水

在过滤时不要从湿纸浆中挤出太多水。否则会产生硬的小团或小卵石一般的纸浆，如下所示。在烧制前后，它们不会在泥浆过程中断裂，并且会在黏土中出现气穴或空隙。

干燥的"绒毛"回收纸浆的问题

经过阻燃剂处理的干的纸浆混合物会冒烟一整天，而不是正常的2小时左右。过程中还会释放有毒气体。纸的斑点也会在烧制后留下空隙。

缝补干燥裂缝的方式

在烧制时产生的像这样的发丝一样的裂缝是由于纸浆泥涂层中的纸浆比例太低造成的。可以用新鲜的浓度较高的纸浆进行修补，下次在配方中多加点较高浓度泥浆，避免出现这种情况。

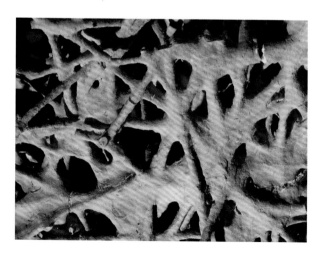

纸浆需要很长时间才能分解

虽然可以用手搅拌小批量的纸张，但使用带有螺旋桨叶片的重型钻机可以节省时间，尤其是如果是自己回收纸张的情况。不建议使用专为液体设计的混合工具。

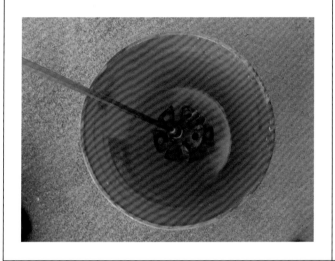

微生物生长：储存纸浆泥

当想用微生物生长过程结束后的潮湿的纸浆土时，很简单的方法就是刮掉边上的微生物，在下面找到新鲜的纸浆泥。如果是放在袋子里的湿的纸浆泥，可以用两年以上的纸浆泥来做，但最好是在干的状态下储存。纸浆泥差距很大。微生物的生长取决于基础黏土中的有机物和再生纸浆中的油墨。任何对细菌敏感的人都应该只使用新鲜的纸浆泥并选择与有机含量低的碱性黏土混合。长期干燥储存，并使切片薄如面包可以使松弛和回收的过程更快。

烧制过的作品过于易碎而无法处理

纸浆泥涂层的茎丝虽然薄但足够强韧。在干燥时，即使涂抹了很多层纸浆泥，烧制后的茎也是最脆弱、易碎的部分。

烧制之后需要提前计划，找到一个遮蔽物、框架或盒子（如果需要的话，可以用纸浆泥制品）来保存和运输精致的烧制作品。

窑内变形熔化

任何黏土如果被加热到其熔点温度时都会变形。而纸会在253℃的高温下从黏土中喷射出！当窑烧到接近基本黏土的最大值时，需要设计一个支撑系统。并且，请注意支撑系统在窑内的放置位置与方式。头重脚轻的形式可以将大结构里底部薄和无支撑的壁厚压倒。尽可能加强这些复杂形式。

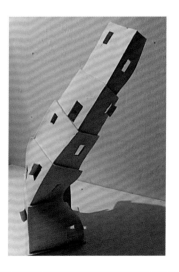

14：共有属性：混合材料与纸浆泥

- 干纸浆泥弯曲和支撑（如金属和电线）

- 可浇注和可雕刻（如石膏和石膏）

- 可浇注并用于户外（如水泥）

- 可雕刻且耐用（像石头）

- 可浇注和压模的外壳（如玻璃纤维）

- 可以是耐火的和多孔的轻质陶瓷（如黏土过滤器或砖）

- 耐用的和坚硬的（如釉面陶瓷）

- 可在车轮上使用（如陶土）

- 可以被建模（像基于石油的建模黏土）

- 绿色抗拉强度高（如含人造纤维黏土）

- 折叠、切割、铸造、雕刻（如纸）

- 可在户外建模和在空气中变硬

- 干燥时弯曲（像海报和纸板）

- 当泥板是软皮革状态（像帆布和织物）时，可以折叠和悬挂

- 在软皮革状态可以编织、扭曲、卷、编织（像织物）

- 干燥后可雕刻、切割和锯切（像木头一样）

- 硬的和软的形式可以调节和连接在一起（像建模蜡）

- 因为它是建模，可以软化和硬化（像聚合物建模黏土）

- 可用于压模和压印邮票和纹理（如树脂、硬乳胶、软乳胶和橡胶）

- 可以是流体、固体、柔韧或弯曲的（如收缩包装和其他人造塑料和材料）

模具

纸浆泥制陶瓷可以与雕塑或注塑模具一起使用。更多关于使用青铜或失蜡法铸造中间模具的研究正在进行中。大多数混合材料雕塑家的释放剂是兼容的。由于纸浆泥与蜡有许多相同的属性，雕刻家也可以使用纸浆泥进行创作。

印刷及表面纹理

3M产品Cyrell®板，可用于工业印刷纸板包装，并与纸浆土兼容。图像是通过将高对比度的印刷品曝光到光敏版上而得到的，光敏版提供了很好的细节，橡胶质地使它很容易压入软皮革状态的纸浆泥中得到浅浮

雕印刷品

信息来源：盖伊·斯蒂文斯（Gaye Stevens）

纸浆泥与纸浆糊和有趣的混合物比较：

气凝纸泥比纸浆糊稍重，主要由纸浆、胶水和少量黏土组成。胶水使空气中的混合物变硬。当在233℃环境中燃烧时，这些结构在窑中燃烧会变成灰尘。

模型化合物通常包括塑料、香水、鲜艳的颜料、丙烯酸、油、蜡、贵金属、聚合物等，对于大型项目来说太贵了。一些聚合物模型复合产品如果在厨房烤箱中加热会变硬，但在高温下会融化。

15：纸浆泥与传统黏土做法

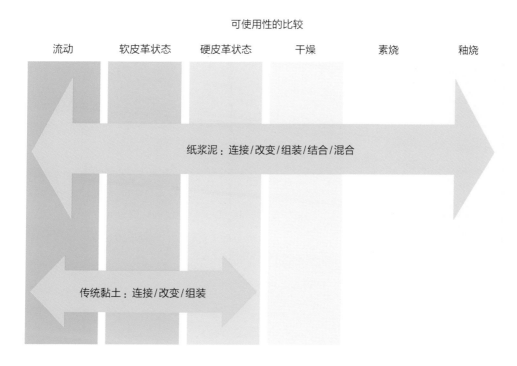

可使用性的比较

| 流动 | 软皮革状态 | 硬皮革状态 | 干燥 | 素烧 | 釉烧 |

纸浆泥：连接/改变/组装/结合/混合

传统黏土：连接/改变/组装

16：设计方案

　　虽然通常这是一份非正式的文档，但在大型项目中，设计计划会让每个人对项目涉及的内容和预期的内容有一份大致了解。计划中应考虑和包括的部分有：

- 视觉效果：模型的比例和草图
- 基础信息：包括日期、时间、地点、参与者
- 场地环境：室内/室外，暴露在天气或人群中
- 照明：位置、类型、数量和寿命
- 维护和护理：清洁方法、频率
- 时间线：对于每一个项目的阶段和预计时间
- 测量范围：如窑、门道、运输车辆。提前准备一个比例模型会有所帮助
- 材料：需要什么，在什么时候？
- 工作室处理和存储：所需空间，测量布局、装配和存储

- 包装、搬运、运输：对箱子或板条箱的要求（例如尺寸、来源）、包装材料、海外运输规定、所需时间
- 运输：预订、尺寸、人力资源、额外设备（如叉车、卡车、工具）
- 安装：安装说明的照片或视频可能会有帮助，还要考虑安装所需的工具和时间
- 展示和宣传：标签、录音装置、新闻资料袋、宣传材料、文件
- 卸货
- 寿命：更换成本所需时间、材料和花费
- 保险：谁负责损失、损坏或在组装作品时的伤害？
- 预算：基于以上所有因素的考虑

17：扩展阅读

书籍：

Gault, R 1998, 2008, Paper Clay, A & C Black, London; U. of Pennsylvania Pressm USA;

Artisan Craft/Allen and Unwin, Australia;

Gault, R 1993, 1994, 2003, 2006, 2010, Paper clay for ceramic sculptors: A studio companion, Clear Light Books/ New Century Art Books, Seattle. Gault, R 1996, At a Paperclay Workshop, video demonstrations;

Gault, R 2006, Think By Hand: Hundreds of Possibilities for Paperclay Projects;

Kim, J 2006, Paper-Composite Porcelain: Characterisation of Material Properties and Workability from a Ceramic Art and Design Perspective, University of Gothenburg, Sweden;

Lightwood, A 2008, Paperclay and other clay additives, Crowood Press, UK;

Tardio-Brise, L 2008, La terre-papier, Techniques et création, Eyrolles, Paris.

杂志与期刊：

Artegia la Ceramica (Italy); Artists Newsletter (UK); Ceramic Review (UK); Ceramic: Art and Perception (Australia); Ceramics Monthly (USA); Ceramics Technical (USA/Australia); Keramik Magazin (Germany); La Revue du Ceramique et du Verre (France); New Ceramics (Germany); Revista Ceramica (Spain); The Journal of Australian Ceramics/ Pottery in Australia (Australia); 1280C Ceramic Art Magazine (Israel).

18：配方举例

首先用自己的材料测试举例的配方。下面的配方可以用于大型户外或室内作品。大多数的纸泥配方都更容易处理，如果素烧烧制用04号锥，则会比传统素烧温度高一些。

"罗斯特石"陶器和用于雕塑的中档纸浆泥（04 ~ 6号锥）

这是我的"高温，低温"配方，适用高纸浆，通用于任何窑和任何时间。我使用该配方多年。

配方：

- 两桶用于准备制备陶器底座的低火铸造泥浆，额定04 ~ 05号锥
- 一中桶的纸浆，一些纸（8 ~ 12卷廉价卫生纸或8卷标准卫生纸中的分散纸即可）
- 烧制后的纹理：光滑、白色。温度越高，在用4号锥后就会变得越密、越硬，即使基础黏土的评级没有那么高。
- 04 ~ 6号锥：坚硬如石，类似白色炻器。可以在室外或解冻时使用。

用于雕刻的"珍珠泥"纸浆泥

薄的区域在用8号锥处理会变成半透明。只有在壁厚和本文提到的其他因素表明结构是稳定的情况下才能用10号锥烧窑。在工作室中进行批量混合时，要避免接触空气中的灰尘。首先要用桶装的准备好的液体注浆泥浆而不是用袋装的粉状黏土。

配方：

- 两个中桶准备的"瓷泥（10号锥）"高温注浆泥浆
- 一桶中等大小的纸浆，加入一些纸（8到12卷廉价卫生纸或8卷标准卫生纸中的分散纸）
- 高火：8 ~ 10号锥硬如岩石。如果期待得到壁薄

的作品，使用8号锥并注意安全，以避免变形。不要保持窑炉在高温或延长还原，因为这会增加热点变形的风险。负载窑均匀，需要大量的电动工具来改变表面。

罗斯特配方的适应性调整

作为黏土的高温炻器：

如果你用炻器投掷黏土作为瓷质黏土（瓷器珍珠）的基础，炻器版本的火会从棕褐色到棕色。

珍珠岩的添加：

添加了珍珠岩（"ruffo-Rock-gruff-Rock"）的纸浆泥，在高温下燃烧会非常轻且坚硬，像石头一样。可以用锤子和凿子雕刻它们。因为非黏土珍珠岩（如熟料/熟料）不会收缩，但如果添加太多，它往往会在燃烧时开裂。加入等量的黏土，以匹配添加的珍珠岩的数量。首先进行测试，然后根据自己的需要调整配方。

大型雕塑（瓦里·霍斯Wali Hawes）：

这三个配方非常适合制作大型的纸泥作品。注意可能有多少变化。

- 配方CB4：1份纸浆，4份耐火黏土，3份滑石粉，0.5份硅灰石，0.5份氧化铝，0.5份熟料或耐火砖。
- 配方CB5：纸浆2份，耐火黏土3份，1份纤维或耐火砖，1/4硅灰石，1/2氧化铝。
- 配方CB6：1份纸浆，2份耐火黏土，1份陶土，1份熟料/耐火砖，1/4硅灰石。

工作室配方的捷径（特鲁迪·高利Trudy Golley）：

- 这是詹·克拉克（Jen Clark）的方法，将纸浆楔入泥磨的传统黏土中而不是一开始制作泥浆。将一层双层卫生纸直接放在传统的湿黏土薄片上，

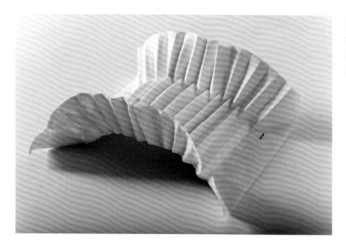

埃斯特·伊姆雷（Eszter Imre）
《当我们抵达目的地一定会通过这座桥》，2011年
纸浆泥制瓷，作品尺寸：33 cm×32 cm×15 cm
摄影：乔娜珊斯·霍尔伯格（Johannes Holberg）

用喷瓶轻轻地湿润纸张，这样它就不会从下面的黏土中吸收水分并楔入潮湿的纸巾层。

- 在黏土中使用纤维引发了我对在石膏中使用纤维制作薄而坚固的模具的研究。

纸浆泥注浆泥浆：

这些传统的线性方法是由多个艺术家贡献的。

- 添加少量纸浆（1%～5%）到注浆泥浆中。"我发现，随着时间的推移，我对黏土中的纸纤维的渴望和要求越来越低。我想让纤维在不妨碍纸浆的情况下起到强化作用。我一开始用的是25%的纤维，现在已经把数量减少到0.5%～1%。"

- 桑德拉·布莱克："特鲁迪·高利（Trudy Golley）建议在便笺中混入少量卫生纸，大约每升中混入5 mL卫生纸。它阻止了我以前做泥浆注造时会出现的边缘开裂现象。"

纸泥浆配方中瓷器和骨瓷中烧掉的添加物（卢卡·特里帕尔迪Luca Tripaldi）：

为了得到丰富的纹理和色彩，将纤维素的体积与固体材料的体积相匹配，再加入到液体的瓷泥纸浆中。这些可以是被磨成小块的彩色素烧陶瓷、磨碎的软木块、预烤的干种子、木头、松针、切成针的稻草等。如果将超过30%的固体材料块加入到纸浆很多的泥浆中，则会因为泥浆太少而不能用黏土进行创作。

将厚壁的碗在315℃下烧制6小时。用水冲洗，清除残留的灰尘，用湿砂纸（400目）进行湿抛光。当有了圆底碗，就可以在窑架上的石英砂临时"窝"上烧制作品。我做瓷器用的基础泥土配方是骨灰泥30%，瓷土30%，球泥20%，霞石20%（按重量计算）。